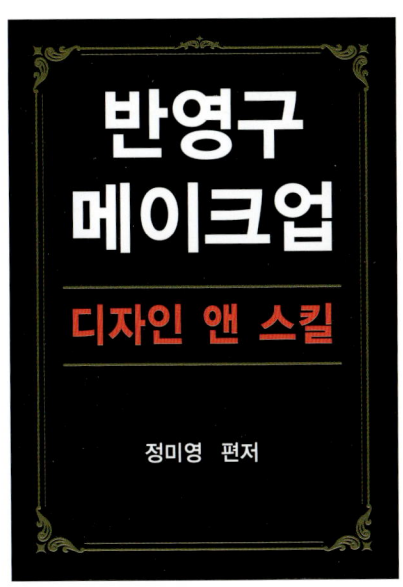

두쏠뷰티아카데미 정미영 대표의
SEMI PERMANENT MAKE-UP TOTAL MANUAL

**한국 최초** 한국어 · 중국어 겸용판

# Profile

정미영 대표

두쏠뷰티아카데미의 대표이사로 이화여대를 졸업하고 1996년에 미용계에 입문하여 2008년도 한국 미용예술학박사학위를 받았다. 미용관련기업의 인사관리, 마케팅관리 부서에서 10여 년 동안 일했으며, 상품기획, 제품교육과 마케팅교육을 담당하면서 미용학과 겸임교수직과 대우전임교수직을 역임했다. 2007년 한국 내 최초로 두피관리전문학원을 개원하면서 화제가 되었으며, 3~4년 전부터 중국인 미용연수전문학원으로 정평이 나기 시작하여 현재 활발한 활동 중이다. 이번에 그간의 기술력과 노하우를 모아서 〈반영구 메이크업 디자인 앤 스킬〉을 출간하였다.

在梨花大学毕业后 1996 年正式开始学习美容界，并 2008 年取得韩国美容艺术博士学位称号．不仅如此在美容相关企业中人事管理和营销管理部分有十年的工作经验．在此期间还担当了相关产品企划·产品教育·营销管理教育的工作．同时在多所大学美容系中当过讲师．2007 年开设了韩国首家美容研究学院并在韩国引起了关注．同时在三四年前随着中国人想学美容人数的增多我们设立了中国人专用美容学院后其经营持续到现在．

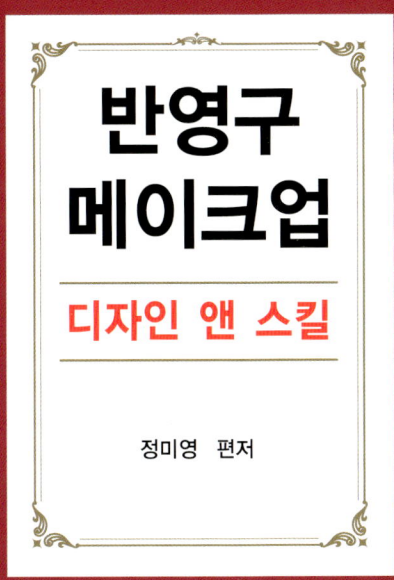

# 반영구 메이크업
## 디자인 앤 스킬

정미영 편저

두쏠뷰티아카데미 정미영 대표의
SEMI PERMANENT MAKE-UP TOTAL MANUAL

## 한국 최초 한국어·중국어 겸용판

# 맨 얼굴이 아름다울 수 있는 비결
SEMI PERMANENT MAKE-UP

반영구 화장은 '맨 얼굴이어도 뚜렷한 이미지로 메이크업을 한 것과 같은 아름다움을 가질 수는 없을까?' 라는 의문에서 비롯된 것으로 최근에는 여성뿐만 아니라 남성들에게까지 큰 인기를 끌고 있습니다. 그리고 이제는 아시아를 넘어 뚜렷한 이목구비를 가진 유럽이나 미국인들에게까지도 그 인기를 더해가고 있습니다. 이렇게 전 세계적으로 반영구 화장이 많은 사람들에게 사랑을 받고 있는 것을 보면 이제는 뷰티산업의 한 분야로 발전되었음을 느낍니다.

제가 15년 전에 처음 반영구 화장을 배우기 시작할 때는 배우는 사람들도, 시술받는 사람들도 많지 않았기 때문에 디자인이나 색소, 기기 등에 대한 자료나 책자가 거의 없어서 어깨 너머로 배웠던 기억이 납니다. 그러던 중 3~4년 전부터 중국의 지인들에게 교육을 의뢰받기 시작하면서 반영구 화장이라는 분야에 대해 좀 더 깊이 연구하게 되었고 반영구 화장에 대한 그동안의 연구와 경험의 결과물을 이번에 출간을 하게 되었습니다.

이 책의 내용은 초반부에는 초보자들을 위한 반영구 화장의 디자인과 테크닉에 대한 연습서로 시작하였고 후반부에는 그동안 등안시 되어 왔던 색소배합에 대한 내용을 자세하게 풀어놓았습니다. 그 이유는 반영구 시술을 하는 모든 이들이 느끼는 것이지만 처음에는 디자인에 대한 고민을 하다가 그 고민이 해결이 된 후에는 색소에 대한 고민을 하지 않을 수 없기 때문입니다. 색소배합은 피부에 대한 기초적 지식과 색채에 대한 지식뿐만 아니라 오랫동안의 경험을 함께 요구합니다. 따라서 이 책을 통해 피부와 색채에 대해 비교적 이해하기 쉽게 풀이하도록 노력하였으며, 특히 처음 시작하는 초보자들에게는 쉬운 작업은 아니지만 처음부터 단단한 기본기를 다지면서 시작하도록 권유하고 싶습니다.

끝으로 이 책은 중국어를 함께 번역하여 한국어와 중국어 겸용으로 사용할 수 있도록 하였습니다. 이런 형태의 책을 출간하게 해주신 ㈜시대고시기획 임직원 여러분께 감사의 말씀을 전합니다. 또한 사진작업과 시술작업을 위해 함께 고민해주신 카리아 반영구 연구원 송란희, 송은희, 유경숙, 여희수, 이현우 선생님들과 황지우 교수님, 그리고 중국어 번역을 해주신 김은규, 김연담 선생님께도 무한한 감사의 말씀을 전합니다.

이 책이 부디 반영구 화장술을 배우는 사람들에게 작은 도움이 되길 바라며 반영구 화장의 전문가가 되기 위한 소중한 발판이 되길 바랍니다.

저자 정미영

# 素颜也会漂亮的秘诀
## SEMI PERMANENT MAKE-UP

半永久化妆起始于"素颜是否也可以像化了妆一般美丽？"的疑问下，近期不仅对于女性在男性之间也颇有人气。不仅如此在比东洋人更具有鲜明五官的欧洲以及美国人之间的人气也急剧上升。 半永久化妆如此受世界各地人士的喜爱，使我们感觉到半永久化妆已经渐渐发展成美容产业的一部分。

记得15年前 本人开始学半永久化妆时，没有太多人学习这部分技术，亦没有太多人接受此类美容。因此几乎没有相关设计，色素，机器的资料或书籍 都是通过旁听或旁看方法来学习知识。大概在3~4年前从中国的熟人为委托本人进行了相关教育便决定对这一领域进行进一步研究，以这段期间本人对半永久化妆的研究和经验的结果决定出版此次书籍。

本书内容的前半部份描述了初学者对半永久化妆设计和技巧的练习，后半部份详细描述了一直以来被忽视的色彩调配部分。 几乎每一位接受半永久手术的客人一开始都会为Design而烦恼，待解决这部份烦恼之后不能不考虑色彩调配的部分。 色彩调配不仅要有对皮肤的基础知识还需要对颜色的知识以及丰富的经验。 对此本书言简意赅的描述了对皮肤以及颜色部分的相关内容使读者一目了然，尤其对于初学者建议从一开始就稳扎基本功。

末尾本书同时翻译成，可做到中韩双语兼用。在此感谢支持中韩双语出刊的（株）时代考试计划 全体员工。 同时感谢与本人一起为相片处理和手术工作而一起奋斗的卡利亚半永久研究员宋兰姬，宋银姬，刘京淑，吕熙淑，李贤宇老师黄志宇教授和负责翻译本书的金银奎，金言昙老师。

望本书对各位学习半永久化妆技术有所帮助 为各位发展成半永久化妆专家鉴定基础。

作者 郑美英

# contents

## PART 1 — 반영구 화장의 개요
半永久化妝槪要

| | | |
|---|---|---|
| CHAPTER 01 | 반영구 화장의 정의  半永久化妝定義 | 04 |
| | 1. 반영구 화장  半永久化妝 | 04 |
| | 2. 반영구 화장의 원리  半永久化妝原理 | 07 |
| | 3. 반영구 화장과 문신의 차이  半永久化妝和紋身的區別 | 08 |
| CHAPTER 02 | 반영구 화장의 역사적 배경  半永久化妝歷史背景 | 10 |
| | 1. 반영구 화장의 유래  半永久化妝的由來 | 10 |
| | 2. 반영구 화장의 발전  半永久化妝的發展 | 11 |

## PART 2 — 피부구조에 따른 반영구 화장의 영역
對皮膚構造半永久化妝的領域

| | | |
|---|---|---|
| CHAPTER 01 | 피부구조의 특징  皮膚构造特点 | 14 |
| | 1. 피부구조  皮膚构造 | 14 |
| | 2. 표피의 특징  表皮的特点 | 16 |
| CHAPTER 02 | 피부유형에 따른 반영구 화장의 적용  根据皮膚類型的半永久化妝應用 | 20 |
| | 1. 건성·민감성 피부의 적용  感性·敏感性皮膚應用 | 20 |
| | 2. 지성피부의 적용  油性皮膚應用 | 22 |

# 반영구 화장의 디자인(Design)
## 半永久化妝的設計(Design)

| | | |
|---|---|---|
| CHAPTER 01 | 얼굴의 균형과 조화  臉部均衡和和諧 | 26 |
| | 1. 눈썹  眉毛 | 26 |
| | 2. 눈  眼睛 | 27 |
| | 3. 입술  嘴唇 | 27 |
| CHAPTER 02 | 눈썹 Design  眉毛設計(Design) | 29 |
| | 1. 눈썹 그리기 기초  畫眉基礎 | 29 |
| | 2. 눈썹 모양에 따른 연습  根據眉型的畫法 | 39 |
| CHAPTER 03 | 아이라인 Design  眼線設計(Design) | 61 |
| CHAPTER 04 | 입술 Design  嘴部設計(Design) | 65 |

# 반영구 화장의 기기
## 半永久化妝的机器

| | | |
|---|---|---|
| CHAPTER 01 | 엠보기기  AMBO 机器 | 72 |
| | 1. 엠보드로우의 특징  畫AMBO特点 | 73 |
| | 2. 엠보기기의 디자인 연습  AMBO机器的設計練習 | 74 |
| | 3. 엠보기법  AMBO技法 | 77 |
| | 4. 엠보기법의 장·단점  AMBO技法的長短處 | 78 |
| CHAPTER 02 | 디지털 머신  數碼機器(Digital Machine) | 80 |
| | 1. 디지털 머신의 특징  數碼機器特点 | 81 |
| | 2. 디지털 머신의 디자인  數碼機器設計(Design) | 82 |
| | 3. 디지털 머신의 기법  數碼機器技法 | 82 |

| | | |
|---|---|---|
| CHAPTER 03 | 헤어라인의 디자인 發際線的設計(Design) | 86 |
| | 1. 헤어라인의 디자인 發際線的設計(Design) | 86 |
| | 2. 시술방법 紋綉方法 | 87 |
| | 3. 색소배합 色素搭配 | 87 |
| CHAPTER 04 | 기타 도구 其它道具 | 91 |

# PART 5

# 반영구 화장의 색소와 색소배합
## 半永久化妝的色素和色素搭配

| | | |
|---|---|---|
| CHAPTER 01 | 색의 기본 요소 色的基本要素 | 94 |
| | 1. 명도 明度 | 94 |
| | 2. 채도 彩度 | 95 |
| | 3. 가법혼색 加法混色 | 96 |
| | 4. 감법혼색 減法混色 | 97 |
| CHAPTER 02 | 반영구 색소와 부위별 색소배합 半永久色素和局部的色素搭配 | 100 |
| | 1. 반영구 색소의 특징 半永久色素的特征 | 100 |
| | 2. 색소선택과 배합시 주의할 점 選色素和搭配時注意点 | 101 |
| | 3. 눈썹의 색소배합 眉毛的色素搭配 | 102 |
| | 4. 아이라인의 색소배합 眼線的色素搭配 | 112 |
| | 5. 입술의 색소배합 嘴唇的色素搭配 | 117 |

## PART 6　반영구 화장의 실제
實際半永久化妝

**CHAPTER 01**　시술 전 고객상담 및 고객카드 작성　　124
手術前顧客顧問并創建顧客管理卡
1. 아이라인 시술　眼線手術　　125
2. 입술 시술　嘴唇手術　　125

**CHAPTER 02**　반영구 화장의 실제　實際半永久化妝　　128
1. 눈썹 시술의 실제　實際眉毛手術　　129
2. 아이라인 시술의 실제　實際眼線紋綉手術　　134
3. 입술시술의 실제　實際唇部手術　　137

## PART 7　반영구 화장의 위생과 소독
半永久化妝的衛生和消毒

**CHAPTER 01**　위생적인 환경　衛生环境　　142

**CHAPTER 02**　시술자의 위생복장　手術者的服裝衛生　　144

**CHAPTER 03**　부작용에 대한 사전조사　關于副作用的調查　　146

SEMI PERMANENT MAKE-UP

반영구 메이크업
디자인 앤 스킬

# PART 1

# 반영구 화장의 개요

CHAPTER 01  반영구 화장의 정의

CHAPTER 02  반영구 화장의 역사적 배경

# CHAPTER 01 | 반영구 화장의 정의
半永久化妆定义

## 1 반영구 화장 半永久化妆

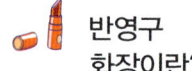
반영구
화장이란?

미국에서 퍼머넌트 메이크업(Permanent make-up), 세미 퍼머넌트 메이크업(Semi permanent make-up), 유럽에서는 윤곽 메이크업(Contour make-up), 일본에서는 아트 메이크업(Art make-up)이라고도 불리는 반영구 화장은 문신에서 발전한 화장술로, 인체에 해가 되지 않는 다양한 화장품 색소를 기기를 이용하여 피부 표피층에 착색시켜 좀 더 또렷하게 화장효과를 주는 메이크업의 한 분야이다.

半永久化妆?
在美国 Permanent make-up, Semi permanent make-up 欧洲 Contour make-up, 日本 Art make-up 叫做半永久化妆 是在纹身上发展起来的化妆术, 对人体无害 用各种化妆品色素, 利用皮肤表皮层着色点更明显的效果的化妆术领域。

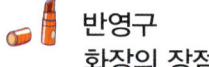
반영구
화장의 장점

반영구 화장은 사람마다 다르게 피부층이나 피부 특성에 따라 1회 시술로 6개월에서부터 수년까지 선명하고 뚜렷한 화장술을 유지할 수 있다. 먹물이나 잉크를 이용하는 문신과는 다르게 천연색소를 사용하므로 국내뿐만 아니라 미국 등 세계 각국에서 각광을 받고 있으며, 천연색소를 주입하기 때문에 시간이 흐르면서 더욱 자연스럽게 색이 탈락되어 수정과 보완이 쉽고, 새로운 디자인과 색소 선택이 가능한 것도 큰 장점 중 하나이다.

#### 半永久化妆的优点
半永久化妆是根据每个人皮肤层和皮肤的特点，一次手术 六个月至数年都清晰可见的化妆术。和墨水纹身不同 利用天然色素，不仅在国内以及美国等世界各国备受关注。因为时间的流逝颜色更加自然，修正和完善，新的设计和色素选择可能是最大的优点之一。

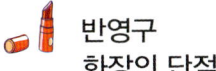

**반영구 화장의 단점**

하지만 기기와 니들(바늘)을 사용해야 하고, 때때로 부분마취제를 사용해야 하는 점 때문에 문신과 반영구 메이크업 시술을 의료행위로 간주하고 있는 나라가 많아 미용분야에서 활동하고 있는 미용인들의 영역이 다소 제한적이기도 하다.

#### 半永久化妆的缺点
因为要利用机器和针，有时要使用局部麻醉剂，有的国家会把半永久化妆视为医疗行为，在美容领域会有所限制。

**아이라인**
眼线

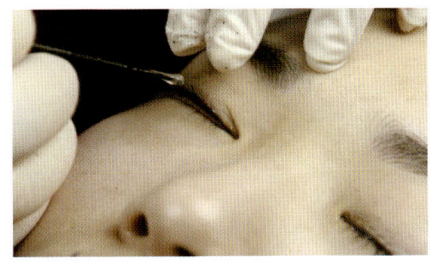

**눈썹**
眉毛

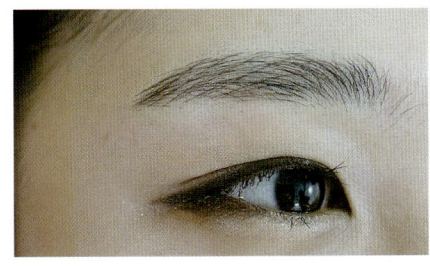

**입술**
唇

**반영구 화장의 현재와 미래**

현재 반영구 메이크업은 의학적 시술법과 미용학적 기법들을 사용하여 눈썹, 아이라인, 입술 등의 수정보완을 위한 다양한 디자인 활용으로 만족도 높은 시술로 자리잡아 가고 있다. 하지만 미국 Georgia, Indiana, Massachusetts, Oklahoma, South Carolina, Vermont의 6개 주에서는 의료인만이 이 시술을 시행할 수 있다.

반영구 화장술 또는 미세색소 주입술은 미용과 몸의 장식을 위한 목적뿐만 아니라 백반증, 흉터, 유두륜 재건, 탈모증 등 여러 가지 질환의 재건치료 목적으로도 사용되기 때문에 의사들이 적극적으로 시술이나 관련 분야 지식을 접해야 하는 깊은 연구가 필요한 분야이기도 하다.

### 半永久化妆的现在和未来

目前半永久化妆利用医学和美容法术, 让眼线, 眉毛, 嘴唇等有更好的修正和完善。利用各样的设计让顾客满意度提高。在美国 Georgia, Indiana, Massachusetts, Oklahoma, South Carolina, Vermont 六个州 只有持有医疗证的人才可以实行半永久化妆。

另外半永久化妆术和注入微色素, 不进为了装饰, 美容和身体, 是伤疤, 脱发等各种疾病的治疗为目的的使用。因此 医生们积极的了解相关领域的知识的接触, 有深入研究的必要。

## 2 반영구 화장의 원리 半永久化妆原理

반영구 화장은 '자연스러운 메이크업'을 원하는 고객의 니즈에 의하여 발전해온 기법으로 피부가 가지고 있는 고유한 색을 고려하여 좀 더 섬세하게 윤곽을 살려줄 수 있는 디자인 기법이다.

半永久化妆是 "自然的妆"是根据顾客的需求发展的技法, 皮肤有, 固有的颜色 更细致的考虑, 利用设计, 挽救轮廓的技法。

### 색소의 침착

색소의 침착은 엠보기기 즉, 수동기기와 디지털 머신을 이용하고 디자인이 결정되면 기기를 선택하여 원하는 색소를 피부층에 잘 안착시키는 것이 관건이다. 또한 피부의 특징상 4주마다 각질이 탈락하게 되는데 이 과정에서 시술된 상처부위의 색이 1차적으로 탈락되면서 더욱 자연스러운 색이 연출된다.

1차 시술이 각질과 함께 탈락되면 이를 수정 보완하여 2차 시술로 리터치를 할 수도 있으며, 개인의 피부특징에 따라 3차 시술의 리터치까지 해야 하는 경우도 있다. 반영구 화장은 1차에 너무 무리하게 상처를 내어 색을 착색시키는 방법보다는 2차, 3차로 시술을 반복하여 자연스럽게 색을 착색시키는 것이 더 안전하고 아름다운 색을 연출할 수 있다.

**色素的沉着**
让色素沉着的方法是, 利用 手动机器 或者是自动机器, 选定好模样 利用机器, 把色素 放到你的皮肤层里, 还有皮肤的特点是, 每4周角质会脱落, 这过程中手术的伤口部位 第一次被脱落 使颜色更加自然。

第一次手术同角质一起脱落, 进行修改补充, 第二次手术还将进行润色, 因个人皮肤特征, 会可能进行第三次润色。比起第一次过分的上颜色相比 二次, 三次反复手术会让颜色更加自然, 更加安全, 更加的美丽。

## 3 반영구 화장과 문신의 차이 伴永久化妆和纹身的区别

**문신의 특징**

타투(Tatoo), 영구(Permanent)라고 불리는 문신은 피부구조의 진피층까지 색소를 주입하는 시술로 영구적으로 색소가 피부에 남아있게 된다. 또한 색소로 화학염료를 사용하기 때문에 알레르기 반응이 있을 수 있고 교정이 불가능하다.

纹身的特点
叫做——的纹身是到皮肤结构的真皮层里注入色素的术法, 让色素永久留在体内。因为使用化学用品的色素, 有可能会出现过敏反应, 而且不可更改。

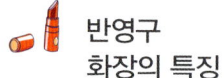

**반영구 화장의 특징**

반면 반영구 화장은 2년 안에 색소의 변형과 자연스런 색상을 연출하는 것이 가능하며, 검증된 염료의 사용으로 알레르기 반응이 희박하고 일회용 바늘을 사용하여 안전하다.
또한 피부의 표피와 진피의 경계면인 0.08mm ~ 0.15mm의 피부층에 색소를 침착시키는 시술이므로 반영구적으로 화장을 유지시켜 시간이 지나면서 자연스런 윤곽이 나타나게 된다.

半永久化妆的特征
相反, 半永久化妆两年内色素的变形和自然的颜色可能。 检验的材料使用, 过敏反应少, 因用的是一次性的针, 所以使用安全。
皮肤的表皮和真皮的界面 0.08mm ~ 0.15mm 的皮肤层沉着色素的手术, 半永久性的化妆, 随着时间的推移, 体现更加自然的轮廓。

[반영구 화장과 영구문신의 차이점]

| 특 징 | 반영구 화장(Permanent make-up) | 영구문신(Tatoo) |
|---|---|---|
| 유지기간 | 6개월 ~ 2년 | 영구적 |
| 신체부위 | 얼굴(눈썹, 아이라인, 입술, 헤어라인) | 신체의 넓은 부위 위주 |
| 시술목적 | 얼굴의 윤곽을 살리는 미의 추구 | 독창성, 상징성 |
| 원 료 | 색소(Iron oxide) | 잉크(Carbon) |
| 색 상 | 다양한 색소를 혼합하여 사용 | 주로 검정색 사용 |
| 색의 변색 | 색소 혼합에 따라 약간의 푸른빛, 핑크빛 | 파랑색, 초록색 |
| 알레르기 | 천연색소로 알레르기 유발 희박 | 유발 가능성이 높음 |
| 감염여부 | 일회용 바늘사용으로 감염가능성이 희박 | 반복사용으로 가능성 높음 |
| 피부착색 | 표피층 하부와 진피층 상부 사이 착색 | 진피층 착색 |
| 2차 시술 | 2차 리터치 시술 필요 | 불필요 |

※ 참고자료 : 보건복지부/ 대한약사회

[半永久化妆和纹身的区别]

| 特征 | 半永久化妆(Permanent make-up) | 纹身(Tatoo) |
|---|---|---|
| 持续效果 | 6个月~ 2年 | 永久 |
| 身体部位 | 脸部[眉毛/眼线/唇/发际线] | 身体范围 |
| 纹绣目的 | 改善脸部轮廓追求美 | 独创性，象征性 |
| 原料 | 色素(Iron oxide) | 墨(Carbon) |
| 色彩 | 混合多种色素搭配 | 主要使用黑色 |
| 颜色变化 | 根据色素搭配稍微发蓝或发粉 | 蓝色，绿色 |
| 是否过敏 | 使用天然色素过敏率稀少 | 过敏率高 |
| 是否感染 | 使用一次性针感染率稀少 | 反复使用感染率高 |
| 皮肤着色 | 色素着色到表皮层下部和真皮层上部 | 着色到真皮层 |
| 2次文秀 | 又必要2次纹绣 | 没有必要 |

※ 参考资料 : 保健附属部/ 大韩医药社会

# CHAPTER 02 | 반영구 화장의 역사적 배경
### 半永久化妆历史背景

## 1 반영구 화장의 유래  半永久化妆的由来

반영구 화장은 문신(Tatoo)에서부터 시작되었으며, 어원은 폴리네시아어로 "Tatua", 즉 스페인어로 tatuar '표식을 하다'에서 유래되었다. BC 4,000년경 이집트에서는 미라에도 문신이 발견되었으며 주술과 종교적인 의례에서 주로 사용되었다. 그리고 그 외에도 계급을 나타내거나 액땜을 한다든지 결혼식이나 출산을 할 때의 표식으로 행해지기도 했다(반영구 메이크업, 김진, 장희진, 2011, p15).

半永久化妆是由纹身开始的。玻璃尼西亚"Tatua"即西班牙语"Tatua", BC 4000埃及木乃伊身上发现了纹身。宗教礼仪中主要使用, 除此之外还有等级或婚礼, 生育时的标志(半永久化妆, 金镇, 张熙珍, 2011, P15).

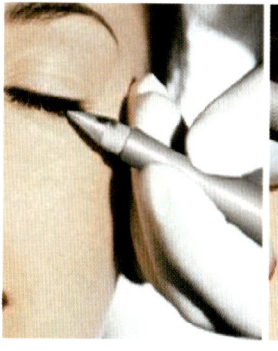 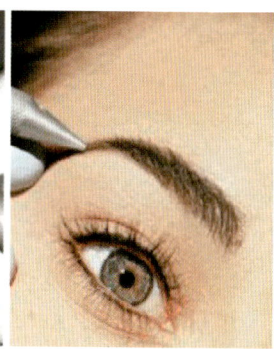 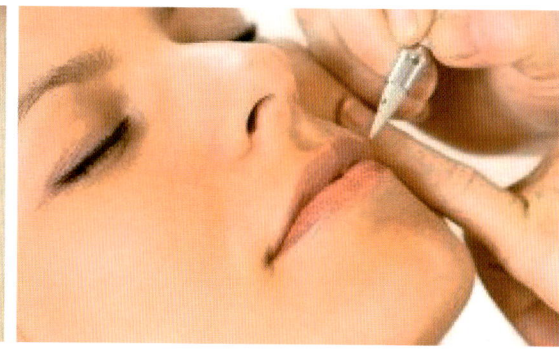

## 2  반영구 화장의 발전  半永久化妆的发展

초기의 문신은 주술적이거나 종교적인 행사에 사용되는 특정한 의례행위로써 사용되었으나 근대와 현대를 걸쳐 최근에는 미용으로 미를 추구하고 자연스럽게 윤곽을 살려 수정보완해주는 한 기술로 발전해오고 있다. 그렇기 때문에 초기에 문신은 특정인들만의 소유물로 여겨졌으나, 점차 수정보완이 가능한 반영구 화장기술로 인식되면서 기기와 색소의 변화 또한 크게 발전하게 되었다.

初期的纹身是宗教或巫术活动中使用的特定的礼仪行为, 近代和现代, 最近喜欢美容美, 追求自然的轮廓, 进行修改完善的技术, 所以纹身初期只属于特定人, 但逐渐被人视为可能修改和完善, 使用机器和色素飞速发展。

SEMI PERMANENT MAKE-UP

반영구 메이크업
디자인 앤 스킬

# PART 2

## 피부구조에 따른 반영구 화장의 영역

---

CHAPTER 01  피부구조의 특징

CHAPTER 02  피부유형에 따른 반영구 화장의 적용

# CHAPTER 01 | 피부구조의 특징
皮肤构造特点

## 1 피부구조    皮肤构造

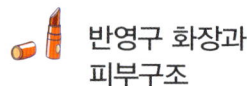 반영구 화장과 피부구조

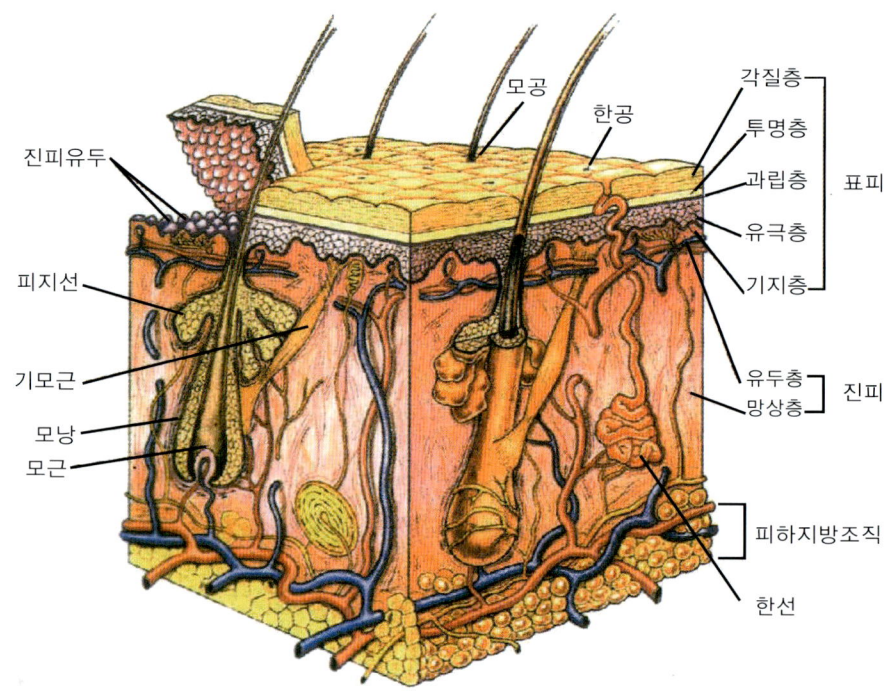

반영구 화장은 문신과 다르게 미세색소를 기기를 통해 '표피와 진피의 경계층' 또는 '표피층'에 착색시키는 기술이다. 피부의 보이지 않는 모근부분은 표피, 진피, 피하지방층으로 구성되어 있으며, 각질을 형성하는 모체 세포는 표피세포의 80%를 차지하며 피부의 각질을 만들어 낸다.

### 半永久化妆和皮肤构造

半永久化妆和纹身不同，使用微色素通过机器进入表皮和真皮的边界层或表皮层着色的技术。皮肤不见毛的部位，表皮，真皮，皮下脂肪层组成，角质形成细胞的母体，表皮细胞占 80%形成皮肤的角质。

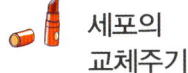

## 세포의 교체주기

기저층에서 생성된 새로운 세포는 시간이 지남에 따라 유극층과 과립층을 거쳐 각질층에 도달하면 탈피하게 되는데 이러한 연속적인 과정을 통해 세포에서는 수분이 빠져나가고 Keratin 성분을 흡수하는 현상이 나타난다. 이때 소요되는 시간을 세포의 교체주기라 하며 4주마다 한 번씩 발생한다.

이때 28일 주기로 일정하게 각질의 탈락이 일어나면 정상적인 피부의 유형이며, 28일보다 빠르게 각질주기가 일어나면 피부트러블을 일으키는 건성피부나 비듬피부의 유형을 갖게 된다. 각질주기에 따라 피부의 유형이 결정되기도 하며, 피부의 특성에 따라 색소침착률에 영향을 끼치기도 한다.

### 细胞更换周期

在基底层形成的新的细胞，随着时间的流逝，经过极化层和颗粒层到达角质层，形成脱皮，连续通过这个过程，细胞的水分流出被"Keratin"吸收的现象出现。这是所需的时间叫做细胞交换时期，每4周发生一次。

这个时候以28天为周期规定的角质脱落，是正常的皮肤类型，比28天早出现角质周期引起的干性皮肤或头皮皮肤类型，根据角质周期决定皮肤类型，根据皮肤的特点，色素沉着率也会受影响。

## 2. 표피의 특징 表皮的特点

**표피층**

표피층은 피부의 각화현상을 일으키는 주요한 피부 구조층이다. 기저층, 유극층, 과립층, 투명층, 각질층으로 구성되어 있으며, 이 중 세포분열과 연관이 있는 층은 기저층이다.

**表皮层**

表皮层是引起皮肤角质化现象的主要皮肤结构, 由基底层、透明层、颗粒层、角质层组成, 其中和细胞分裂有关的层是基底层。

**표피층과 각화주기**

기저층에서 생성된 새로운 세포가 시간이 지남에 따라 유극층, 과립층을 거쳐 각질층에 도달하여 탈피되는 과정을 '각화'라고 하며, 세포에서 수분이 빠져나가고 케라틴 성분을 흡수하는 현상을 나타내는데 이때 소요되는 시간을 세포의 '각화주기'라고 한다. 기저층은 각질화를 유도하고 멜라닌 색소를 형성시켜 세포분열에 많은 관여를 하는 층이다. 표피층의 두께는 보통 0.5mm 이내이므로 기기로 색소를 침착시키기에 큰 상처 없이 시술이 가능하다.

**表皮层和角质化的周期**

在基底层形成的新的细胞, 随着时间的流逝经过颗粒层到达角质层, 引起脱皮, 这个过程叫做 "角质化"。 细胞中水分大量流失和角蛋白成分的吸收这一现象所需要的时间叫做 "角化周期"。
基底层是角质化形成黑色素细胞分裂发生, 有许多关联的层, 表皮层的厚度一般 0.5mm以内, 使用机器让色素侵入, 所以不会有太大的伤口。

## 진피층

진피층은 두께가 0.5~4mm이며, 진피의 심층인 망상층에는 지방세포, 혈액세포, 임파세포, 피지선, 한선, 모낭, 입모근 등의 구조물이 들어 있다. 구성물에는 교원섬유(콜라겐)와 탄력섬유(엘라스틴)가 있다.

真皮层
真皮层的厚度一般是 0.5~4mm, 真皮的网状层中有 脂肪细胞, 血液细胞, 淋巴细胞, 皮脂腺, 汗腺, 毛囊等构成, 构成物中有胶原纤维和弹力纤维.

## 진피층의 구성

◆ **콜라겐** – 교원질에 속하는 단백질로 피부의 결합조직을 구성하는 주요성분이다. 포유동물이 지니고 있는 전체 단백질의 3분의 1을 차지하며, 19가지의 아미노산을 함유하고 있어서 자외선으로부터 피부를 보호해주어 피부의 주름을 예방해 주는 수분 보유원이다.

◆ **엘라스틴** – 탄력성이 강한 단백질로 피부의 탄력을 결정짓는 중요한 요소이다. 엘라스틴이 노화되면 피부의 탄력이 감소하고 영양이 결핍되어 위축된 피부가 된다.

◆ **무코다당류(히아루론산)** – 진피 내의 세포들 사이를 메우고 있는 당단백질로 자기 무게의 몇 백배에 해당하는 수분보유력을 갖고 있으며 피부에 보습과 유연효과를 부여한다. 무코다당류는 진피층의 수분과 유분을 유지하여 피부의 탄력을 유지할 수 있도록 하는 중요 구성물이 되며, 색소를 아름답게 침착시킬 수 있는 중요한 구조이기도 하다. 즉 진피층의 탄력이 좋은 사람일수록 색소침착이 잘되며 색소의 유지에도 영향을 미친다. 또한 탄력도는 나이가 젊을수록 높은 것이 사실이지만 땀이나 유분이 많은 사람일수록 빨리 색소를 내보내게 된다.

### 真皮层的构成

- 胶原蛋白 - 胶原的蛋白质皮肤结合的主要成分, 哺乳动物的整个蛋白质占三分之一, 19种氨基酸, 并含有紫外线, 保护皮肤, 预防皮肤, 皱纹, 保留皮肤的水分。

- 弹性蛋白 - 弹性强的蛋白质是决定皮肤弹性的重要因素。弹性蛋白的老化, 减少皮肤的弹性和营养缺乏的皮肤会出现松弛。

- 一多糖浆 - 真皮内的细胞之间在比自己糖蛋白质重量多一百多倍的水分保留力, 并且对皮肤有保湿和柔软效果。一多糖浆是维持真皮层的水份, 油份和皮肤弹力的重要构成物, 让色素完美的沉着的重要结构。即, 真皮层弹力越好的人对色素的沉着维持产生重要影响。而且年纪越小弹力度越高是事实, 汗或者油份多的人色素会越快的流出。

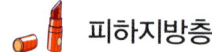 **피하지방층**

피하지방층은 지방조직으로 구성되고 지방조직은 신체 장기들 주변에 분포하고 있으며, 근육이나 골격에 따라 변한다. 남자는 복부에 많이 분포하고 있으며, 여성은 배꼽 아래쪽인 엉덩이, 허벅지 주위에 분포하고 있다. 피하지방층은 영양과 에너지 보관소를 제공하며 나이, 성별, 영양 상태에 따라 몸의 곡선을 형성한다.

### 皮下脂肪层

皮下脂肪层是脂肪组织组成的, 脂肪组织是分布在身体器官周围, 因肌肉和骨骼而变。男人分布在腹部, 女人分布在臀部, 大腿周围, 皮下脂肪层是营养和能量的保管所提供的, 年龄, 性别, 营养状态形成的身体曲线。

## [표피층과 진피층의 구조]
### 表皮层和真皮层构造

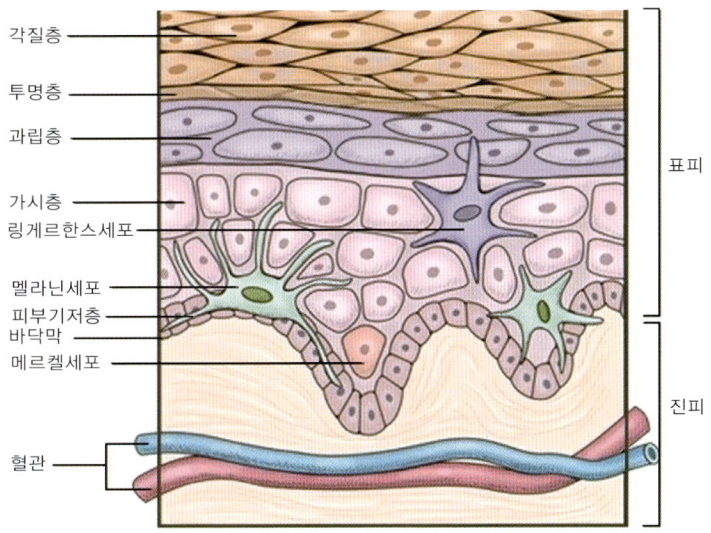

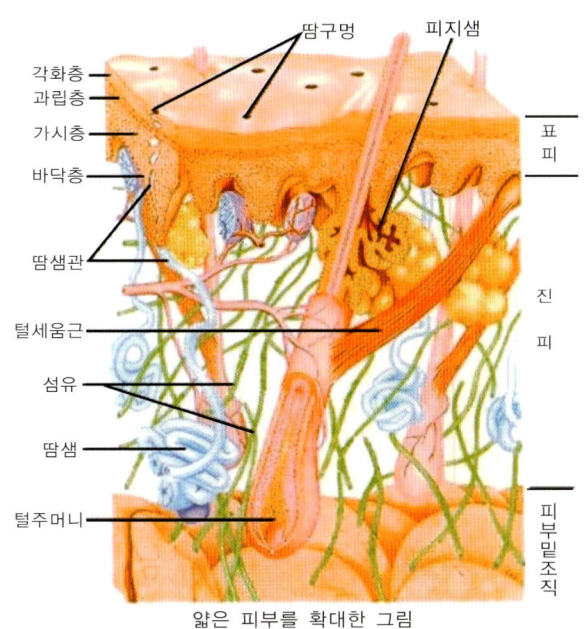

얇은 피부를 확대한 그림

# CHAPTER 02 | 피부유형에 따른 반영구 화장의 적용
### 根据皮肤类型的半永久化妆应用

## 1 건성 · 민감성 피부의 적용  感性 · 敏感性皮肤应用

**건성피부의 특징**

건성과 민감성은 피부의 유수분이 부족하여 피부가 거칠고 울긋불긋하며, 상처가 많고 붉은기를 많이 가지고 있는 특징이 있다. 피부층의 유수분이 부족하여 각질주기가 4주보다 빠르게 진행되는 경우가 많으므로 색소가 제대로 들어가서 착색이 잘 이루어진다 해도 빠르게 색소가 빠지게 된다.

**干性皮肤的特点**

干性肌肤和敏感肌肤油水份缺失，导致皮肤粗糙，伤口有红点，斑点多的特点。皮肤层的油水份不足，比角质周期4周迅速进行的情况很多，色素进入后就算完整的着色，色素也会快速落。

**건성피부와 반영구 화장**

건성피부는 평소에 충분한 유수분 관리가 필요한데 영양팩이나 유수분이 다량 함유된 크림류를 자주 많이 바르는 것이 효과적이다. 붉은기를 많이 가지고 있는 민감성 피부의 경우에는 너무 자극적이거나 무리하게 강도를 높여서 시술하는 것은 깊은 상처를 유발하여 치유기간이 길어질 우려가 있다. 또한 색소가 거의 빠질 무렵에는 핑크빛으로 남게 되는 경우가 발생할 수 있으므로 붉은기를 중화시켜줄 수 있는 색의 배합이 중요하다.

干性皮肤和半永久化妆

干性皮肤可以在平时需要充分的油水份管理，经常使用 营养面膜，含有油水份的面霜，也可以快速的产生效果，红色斑点很多的敏感性肌肤的情况下，刺激性太强或无理的强度提高会让手术伤口愈合时间延长，而且色素几乎没有的时候，也可能留下粉红色的情况也会发生，可以把红斑点颜色搭配也很重要。

> **TIP**

### 건성 · 민감성 피부의 반영구 화장

1. 색소가 빠지는 속도가 빠름
   건성피부는 피부의 각질이 과도하게 탈각되므로 색소도 함께 빨리 퇴색될 수 있으며, 민감한 피부는 피부 부위에 열이 많거나 뾰루지가 많으므로 시술 후 진정시켜주는 것이 필요하다.

2. 자극을 최소화
   예를 들어 1회 시술 때 5회 이상 시술하는 것은 피부를 더욱 자극시킬 수 있다.

3. 붉은기를 중화시켜줄 수 있는 색의 배합
   피부 톤이 붉은기가 많으므로 붉은 색소를 중화시켜주는 카키나 그린과 같은 색의 배합이 필요하다.

### 干性 · 敏感性皮肤的半永久化妆

1. 掉色速度较快
   干性肤质由于皮质过度掉落所以色素也会一起掉色，然而敏感肌肤周边也有痘痘所以治疗后 有必要镇定一下皮肤。

2. 努力不要促进皮肤
   比如说手术1次不能超过5回因为更刺激皮肤。

3. 可以减少红血丝的色素搭配
   皮肤颜色上红血丝比较多的话可以用减少红色系的绿色或蓝色的搭配比较重要。

## 2 지성피부의 적용 油性皮肤应用

**지성피부의 특징**

지성피부는 건성과 다르게 피부 표면에 유분이 지나치게 많은 경우로, 유분으로 인해 오히려 민감한 여드름 피부가 될 가능성이 높은 피부이다. 따라서 색소의 침착은 잘될 수 있으나 유분이 배출되면서 색소 또한 함께 배출되므로 색소가 빠르게 빠져나오게 되어 색소의 유지력이 현저히 떨어지기도 한다.

**油性皮肤的特点**
油性皮肤比干性皮肤表面有过度的油分，因为油分变成痘痘皮肤的可能性更大。油性皮肤的时候色彩会很快深入皮肤，但油脂排除的时候颜色也会一起排除所以持续度比较低。

**지성피부와 반영구 화장**

지성피부를 시술할 때는 반드시 유분과 각질을 제거하고 시술해야 색소의 침착이 잘될 수 있다. 또한 생각보다 빠르게 색소가 빠져나오게 되므로 색소를 배합할 때 한 단계 진하게 색소를 배합하는 것도 좋은 방법이다.

**油性皮肤和半永久化妆**
为了色彩落色比较好手术前把油性皮肤的油分和角质去掉以后在进行手术。

> **TIP**

### 지성피부의 반영구 화장

1. 색소의 유지력 감소
   지성피부는 중성피부보다 피지분비량이 많으므로 색소배출과 퇴색 또한 빠르게 진행된다. 따라서 유지력도 짧다.

2. 유분과 각질제거과정이 필수
   유분과 각질로 인한 모공과 한공이 겹겹이 덮여 있으면 색소주입 효과가 떨어지므로 시술 전 유분과 각질을 충분히 제거한 후에 시술하는 것이 더욱 효과적이다.

3. 한 단계 진한 색소배합
   퇴색 시간이 보다 빠르게 진행되므로 한 톤 진하게 시술하는 것도 좋은 방법이다.

### 干性·敏感性皮肤的半永久化妆

1. 色彩持续度减少
   油性皮肤比中性皮肤排除角质量比较多所以色素排除量也较多，跟着持续度也会下降。

2. 油分、角质去除过程重要
   因油分和角质毛孔跟汗孔会叠在一起，这样注入色素效果下降，手术前一定先把油分和角质去掉之后在进行，这样效果更佳。

3. 进一步深色色素搭配
   因掉色时间较快利用深一色号进行手术也是好方法。

SEMI PERMANENT MAKE-UP

반영구 메이크업
디자인 앤 스킬

# PART 3

## 반영구 화장의 디자인(Design)

CHAPTER 01  얼굴의 균형과 조화
CHAPTER 02  눈썹 Design
CHAPTER 03  아이라인 Design
CHAPTER 04  입술 Design

# CHAPTER 01 | 얼굴의 균형과 조화
## 脸部均衡和和谐

얼굴의 윤곽을 조화롭게 표현하기 위해서는 얼굴 전체의 넓이와 길이의 균형이 잘 맞도록 디자인하는 것이 중요하다. 일반적으로 얼굴 전체의 이상적인 세로 길이는 18.6cm이며 가로 넓이는 12.95cm이므로 디자인을 할 때 이마가 좁은지 넓은지, 미간 사이가 얼만큼 벌어져 있는지, 눈썹과 눈 사이의 넓이가 얼만큼 되는지를 고려하여 체크해야 한다.

为了把脸部轮廓表现的和谐，重点是设计时脸部宽度和长度要均匀。一般脸部理想的长度是 18.6cm，宽度是 12.95cm。设计时随时要考虑额头的宽窄，眉毛之间的宽窄，眉毛与眼睛的宽窄。

## 1 눈썹 眉毛

눈썹의 전체 길이는 4.5~5cm 정도이며 눈썹 산까지는 3cm, 눈썹이 내려가는 꼬리 부분은 2cm가 이상적인 길이이다. 눈썹과 눈썹 사이의 넓이는 0.8~1cm 간격을 두고 디자인하는 것이 일반적이다.

最理想的眉毛的长度是 4.5~5cm，到眉峰的长度是 3cm，眉尾的部分是 2cm。一般眉毛之间的宽度是 0.8~1cm。

## 2 눈  眼睛

눈의 가로 길이는 7~7.5cm 정도이며 양쪽 눈 사이의 넓이는 3cm 간격을 두는 것이 일반적이다. 아이라인의 경우는 눈꼬리가 처져 있는지 올라가 있는지, 눈의 전체적인 모양이 둥근형인지 가로로 긴 형인지를 판단하여 눈꼬리 부분을 디자인해야 한다.

眼睛橫度 7~7.5cm，眼睛之间的宽度 3cm 距离是最佳宽度。眼线时要看眼尾是上升形或下垂形，然后根据整体模样判断圆眼形或长形来设计眼尾。

## 3 입술  嘴唇

윗입술과 아랫입술의 배율은 일반적으로 1.5배 정도이다. 입술전체의 겉부분에 라인을 넣을 것인지 아니면 자연스럽게 전체적으로 색을 넣을 것인지를 정해야 하며, 입술 또한 양쪽 꼬리부분이 올라가 있는지 내려간 입술인지를 판단하여 디자인하는 것이 중요하다. 또한 개인이 가지고 있는 입술의 고유색에 따라 같은 색이라도 다르게 표현이 되기 때문에 반드시 입술의 고유색을 살펴봐야 한다.

上唇和下唇最佳比率是 1：1.5。要明确的定下来在唇部边缘化唇线或要自然的填满唇部，又要判断好唇部两边是上上或上下线来设计。每一位的唇部颜色不一样，根据纯色上色后会也有变化所以必须观察不同纯色。

## 【 얼굴형의 조화 】 脸型的和谐

# CHAPTER 02 눈썹 Design
## 眉毛 Design

눈썹은 반영구 화장에서 가장 인기있는 부분으로 디자인이 다양하면서도 유행에 따른 변화가 큰 곳이다. 즉, 눈썹의 디자인은 시대별로 유행에 따라 시시각각으로 변하고 있으며, 고객들의 개인적인 성향이 가장 심하게 나타나는 분야이다. 사람의 얼굴을 바라보았을 때 가장 먼저 눈에 띄는 부분이 눈썹이므로 고객의 니즈에 맞추어 보다 신중하게 시술하는 것이 중요하다.

在化妆里面眉毛半永久是最有人气的一个部分。多种多样的设计以及流行趋势方面有很大变化的身体部位。因，眉毛设计是根据流行和年龄阶段实时都在变化，而且最能体现顾客每一位趋向的部分。看人的脸部时最能抢夺视线的是眉毛，所以手术时根据形态标准慎重的纹绣。

## 1 눈썹 그리기 기초  画眉基础

실제 사람의 얼굴에 눈썹을 디자인하기 위해서는 정면을 바라보고 있는 얼굴 위에 다양한 눈썹의 디자인을 충분히 연습해 보아야 한다. 눈썹의 디자인 시에는 '얼굴형태'와 '눈의 모양'을 주의해야 한다. 각 개인이 가진 얼굴의 형태와 눈의 모양이 잘 어우러지게 디자인을 하는 것이 중요하며 무엇보다 고객이 선호하는 디자인을 연출하는 것이 가장 우선이다.

在化妆里面眉毛半永久是最有人气的一个部分。多种多样的设计以及流行趋势方面有很大变化的身体部位。因，眉毛设计是根据流行和年龄阶段实时都在变化，而且最能体现顾客每一位趋向的部分。看人的脸部时最能抢夺视线的是眉毛，所以手术时根据形态标准慎重的纹绣。

> **TIP**
> 눈썹의 디자인은 오른쪽과 왼쪽의 대칭이 중요하며, 눈썹의 앞부분과 꼬리부분의 디자인이 일치되는 것이 중요하다.
> 设计眉毛时要注意一下左右对称，眉毛前部分和尾部分的设计要一致。

## 【얼굴의 정면 그리기】 脸部正面

## 【 얼굴의 옆면 그리기 】 脸部侧面

얼굴 옆면의 눈썹디자인은 눈의 마지막 꼬리부분에서 직선거리를 측정하여 눈썹의 꼬리부분을 연습하는 것이 좋다.
侧脸的眉毛设计：在眼尾的部分测直线来练习审计眉尾

## 【 옆면 눈썹선 그리기 】 画侧脸眉毛

옆면에서의 다양한 디자인 연습을 연출해 본다. 练习多种设计侧脸的眉毛。

## 【 옆면 눈썹선 그리기 】 画侧面线

## 【 눈썹 그리기 연습 】 练习画眉

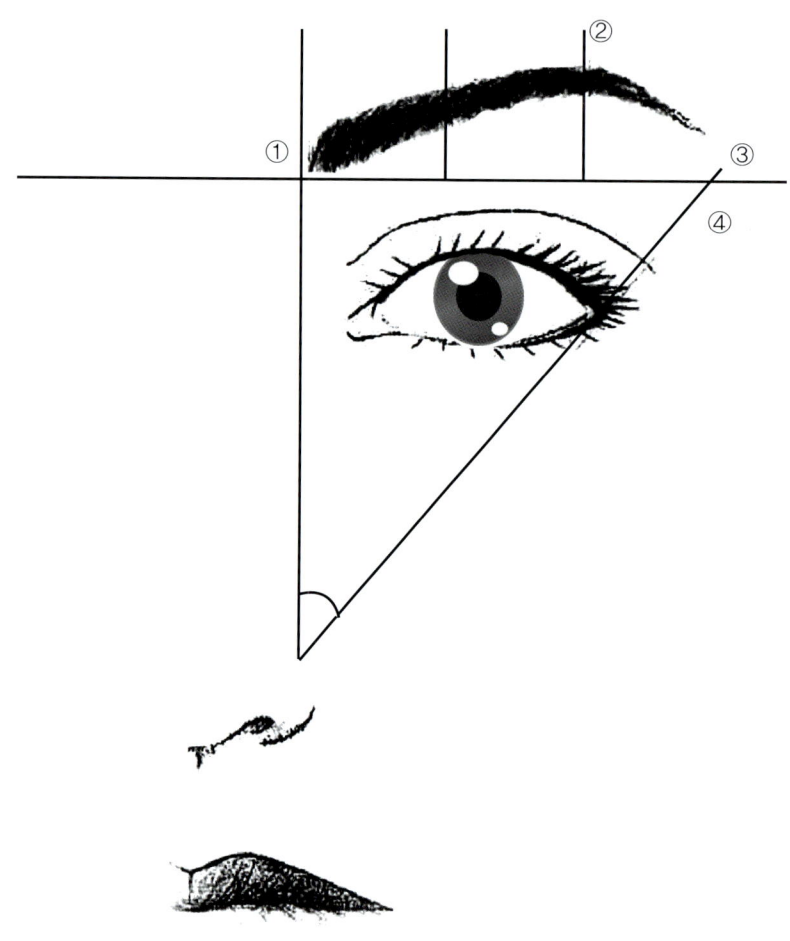

① **눈썹 앞머리**

　콧망울 지점을 수직으로 올려 만나는 곳

② **눈썹 산**

　눈썹길이를 3등분 했을 때 2/3지점

③ **눈썹꼬리**

　콧망울과 눈꼬리를 45도 각도로 연결해 만나는 지점

④ 1~3번 사이의 길이가 4.5~5cm 정도이므로 앞부분과 2번 눈썹 산(TOP)의 설정이 중요한 포인트가 된다.

① 眉头

　和鼻尖一个同等线

② 眉峰

　眉毛的3分之2的位置

③ 眉尾

　鼻翼和眼尾45°链接线上

④ 眉毛长度是 4.5~5cm 眉头和眉尾之间部分的眉峰是重要的点。

## 【 오른쪽 눈썹 그리기 연습 】 练习画眉

오른쪽 눈썹을 조금 더 두껍게 디자인하는 연습을 해보자. 练习右边部分的眉毛 : 练稍微厚一点的眉毛。

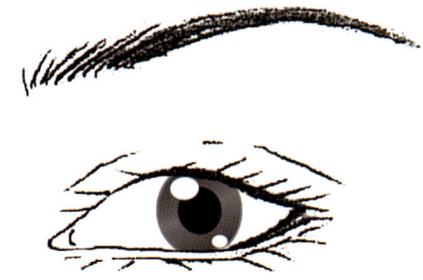

## 【 왼쪽 눈썹 그리기 연습 】 练习画左右眉毛

왼쪽 눈썹을 조금 더 두껍게 디자인하는 연습을 해보자. 眉毛设计 ：练习设计左边的眉毛时加厚一点。

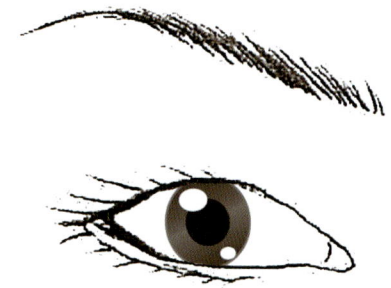

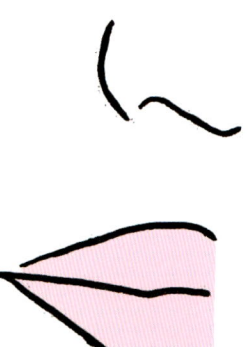

## 【 양쪽 눈썹 그리기 연습 】练习画左右眉毛

오른쪽과 왼쪽의 눈썹을 좀 더 굵게 디자인해보자.  眉毛设计 ： 练习设计左边的眉毛时加厚一点。

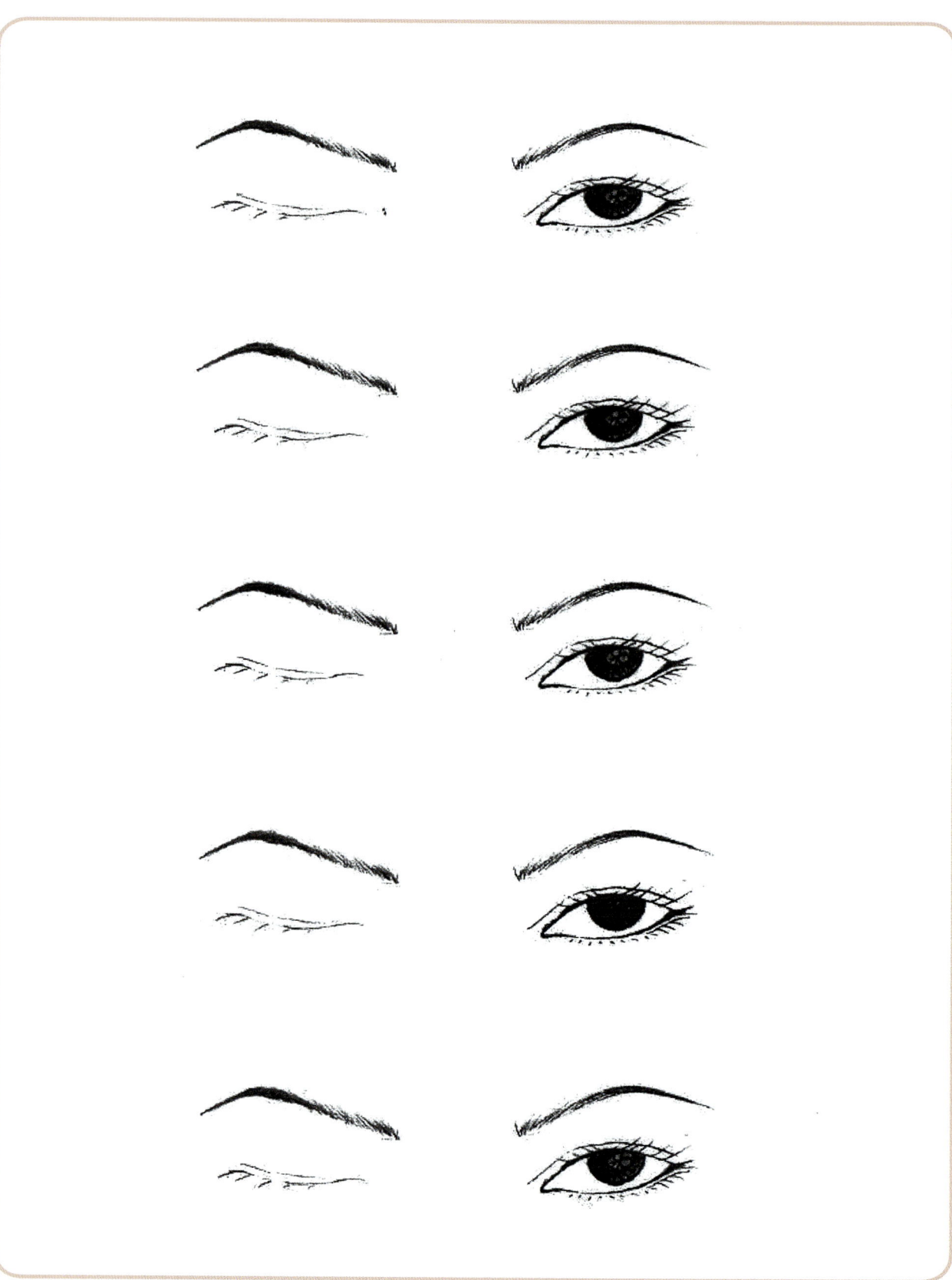

## 2 눈썹 모양에 따른 연습 根据眉型的画法

 표준형 눈썹

표준형 눈썹은 많은 사람들에게 가장 인기가 있으며 보기에 편안하고 보편적으로 모든 사람들에게 잘 어울리는 눈썹형태이다.

**标准形眉毛**
标准型眉毛最有人气,自然又普通适合所有人的眉毛形态。

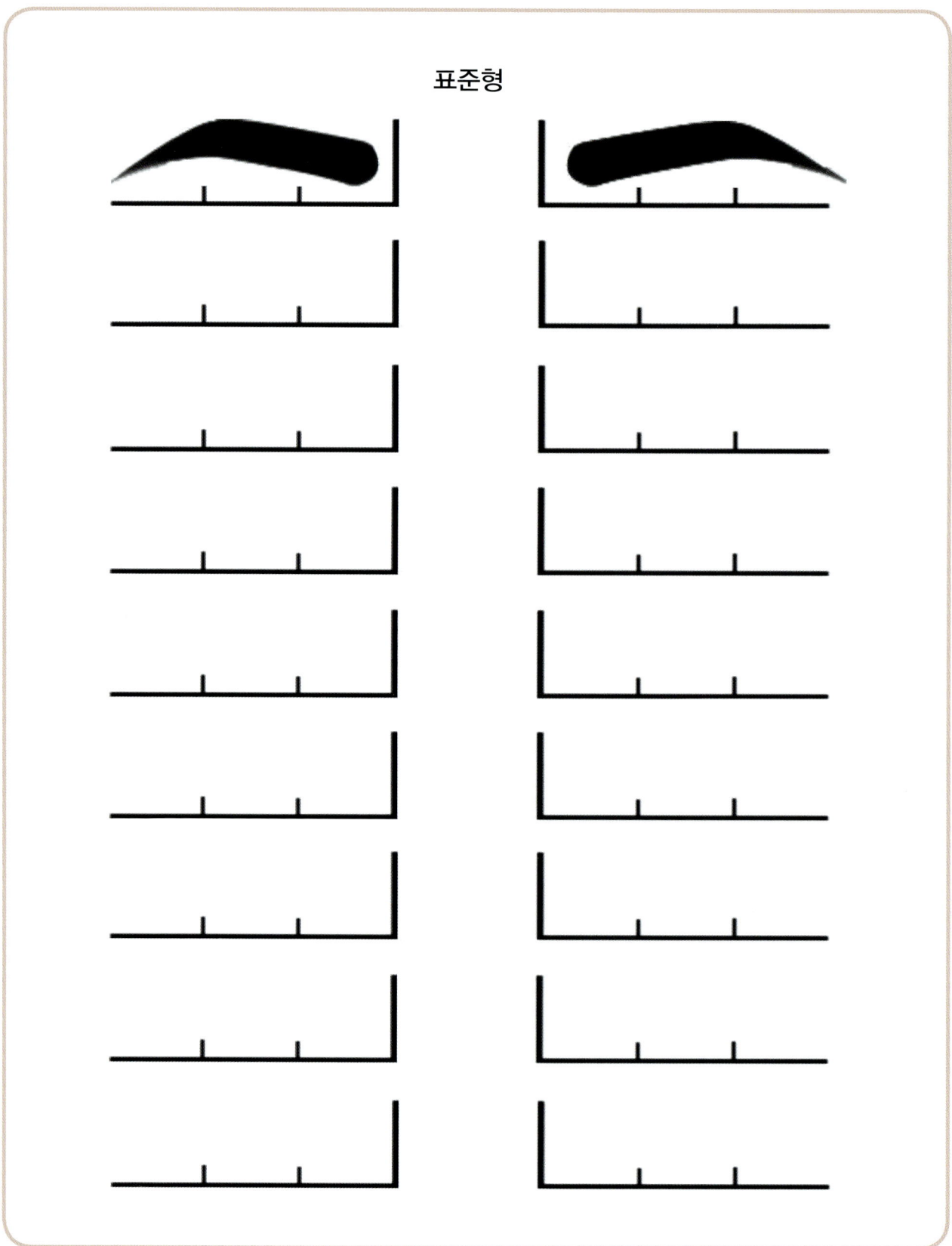

# 【 표준형 눈썹그리기 연습 】 练习画标准眉型眉毛

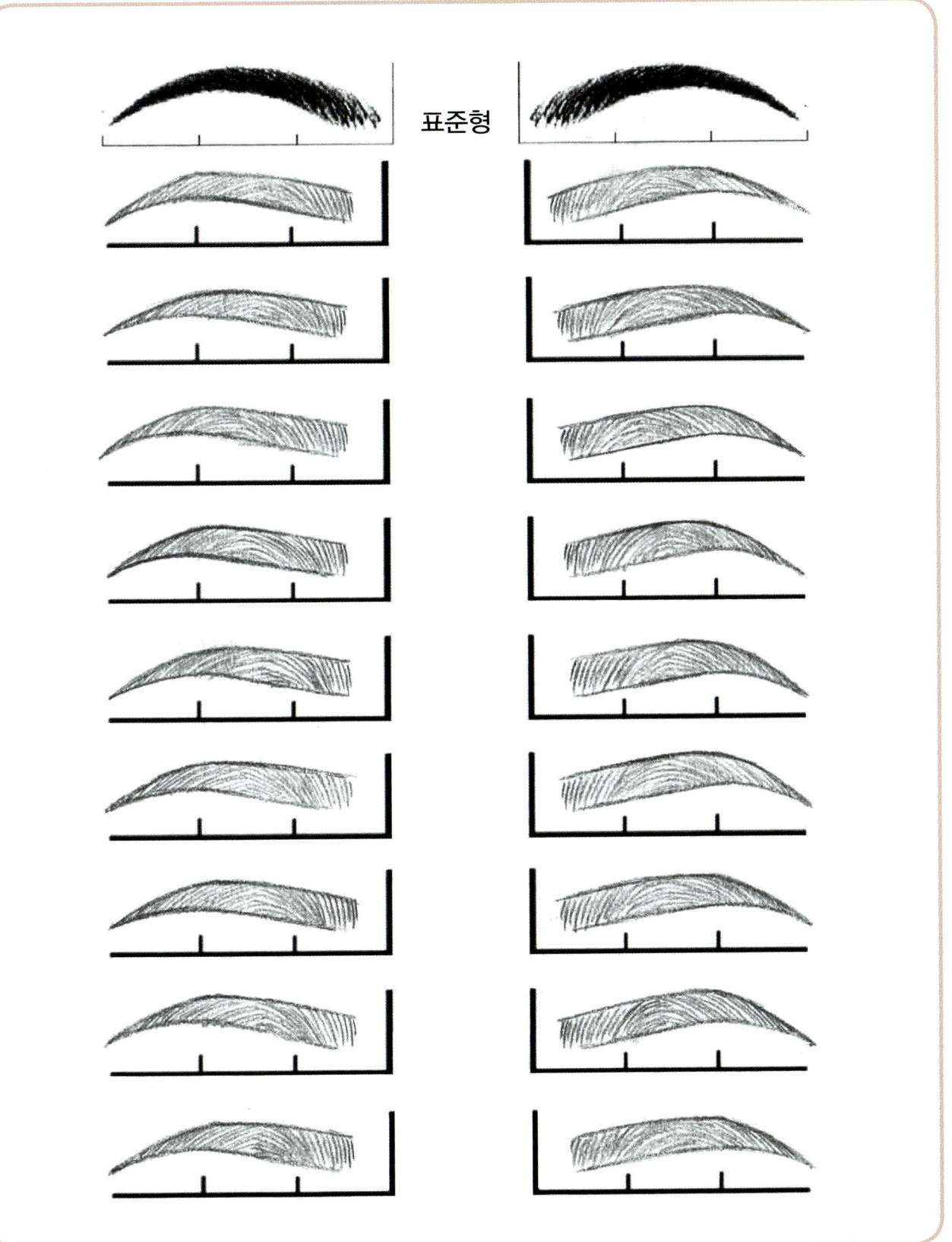

표준형

### 일자형 눈썹

일자형 눈썹은 2013년도부터 유행하는 눈썹의 형태로 주로 젊은이들 사이에서 큰 인기를 얻고 있다. 굵기가 얇은 일자눈썹에서 굵은 일자눈썹까지 얼굴 형태와는 상관없이 현재 가장 인기가 있는 눈썹의 형태이다.

**一字型眉毛**
一字型眉毛从2013年开始流行，在年轻人之间有人气。
从细到粗的一字眉型跟脸型基本没有关系所以到现在很有人气。

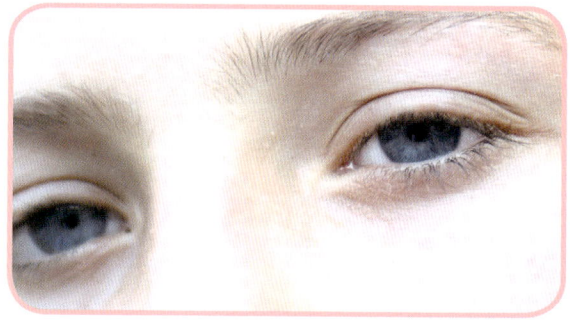

【 일자형 눈썹그리기 연습 】 练习画一字眉毛

일자형

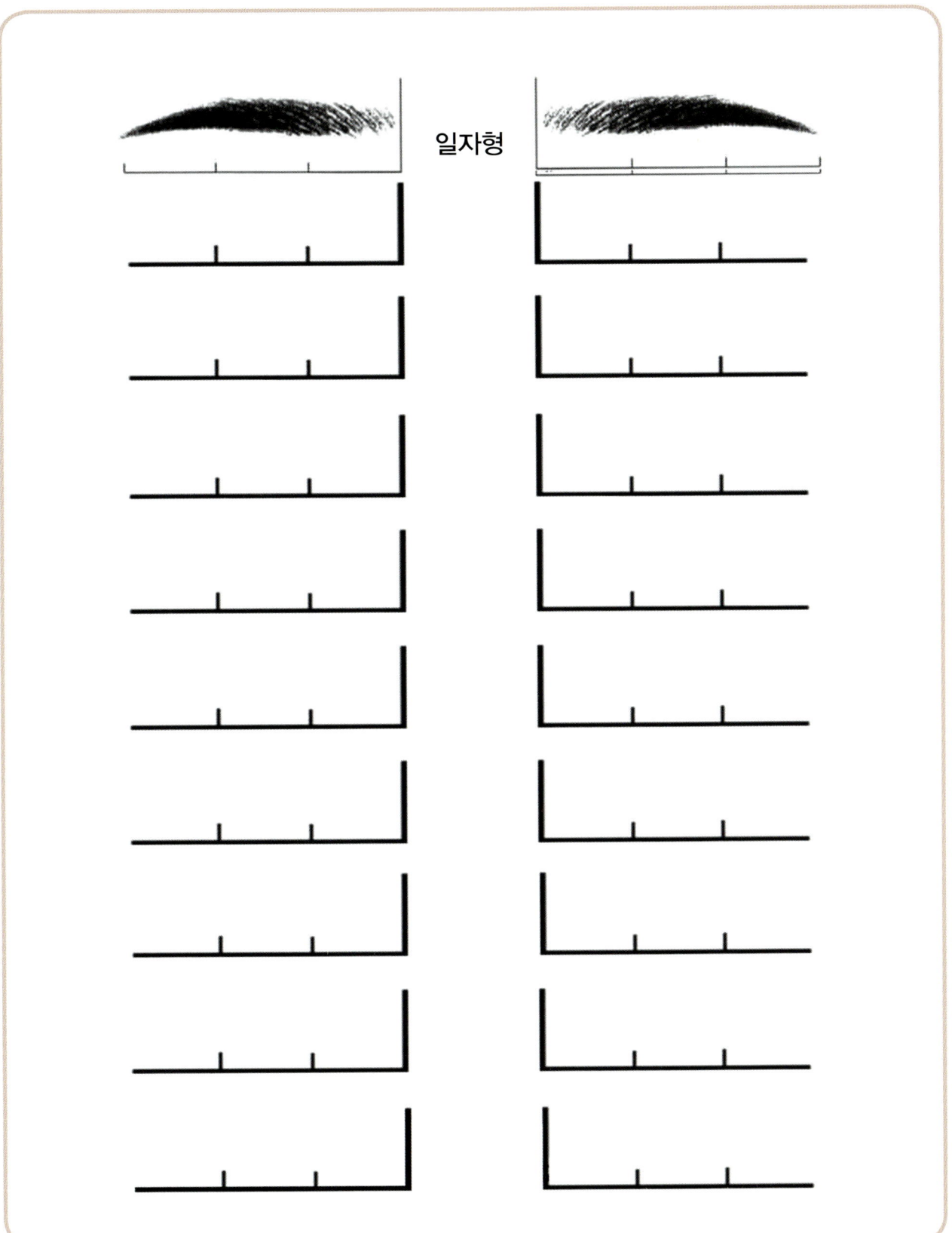

## 【 일자형 눈썹그리기 연습 】 练习画一字眉毛

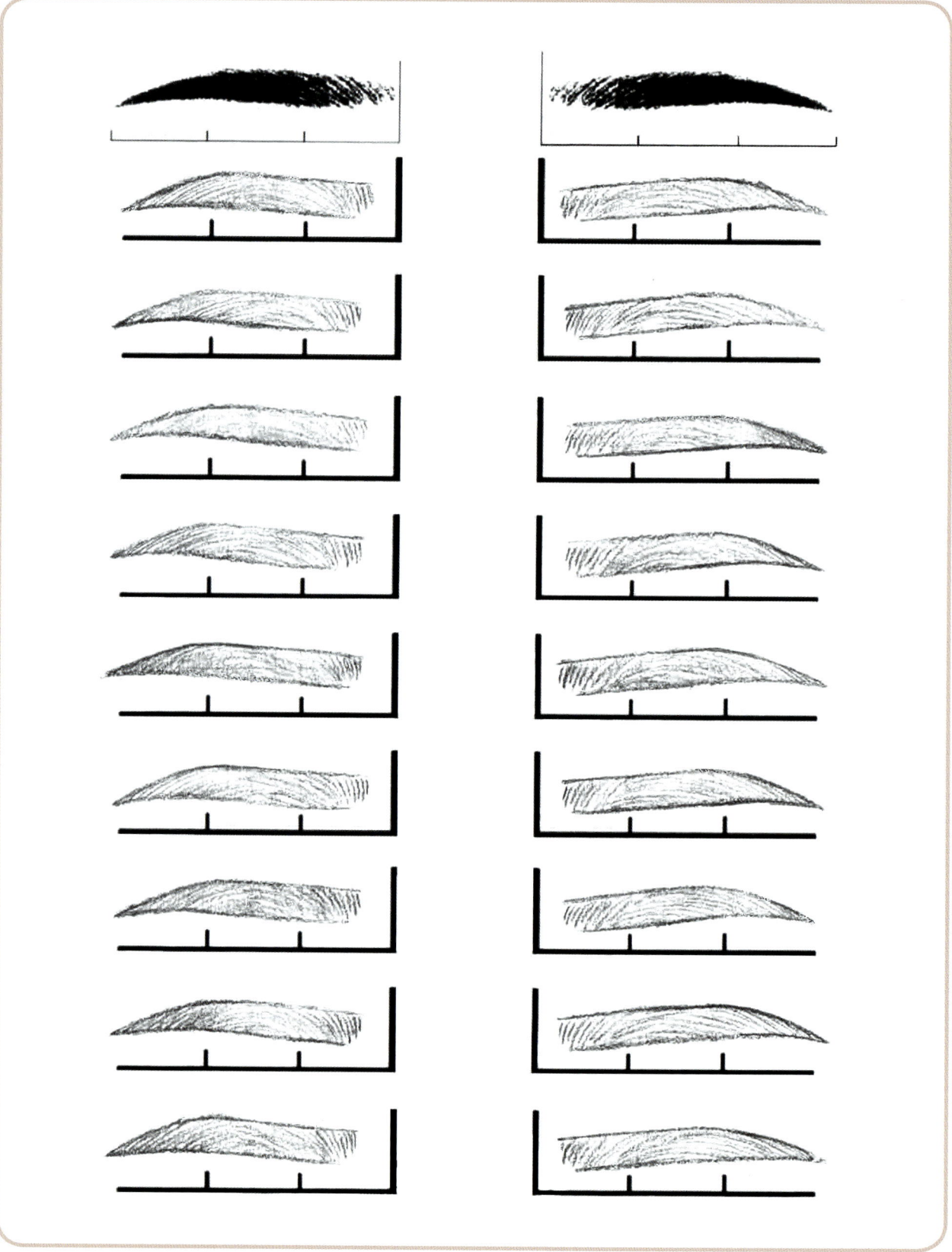

## 【 고무판 연습 】 胶板练习

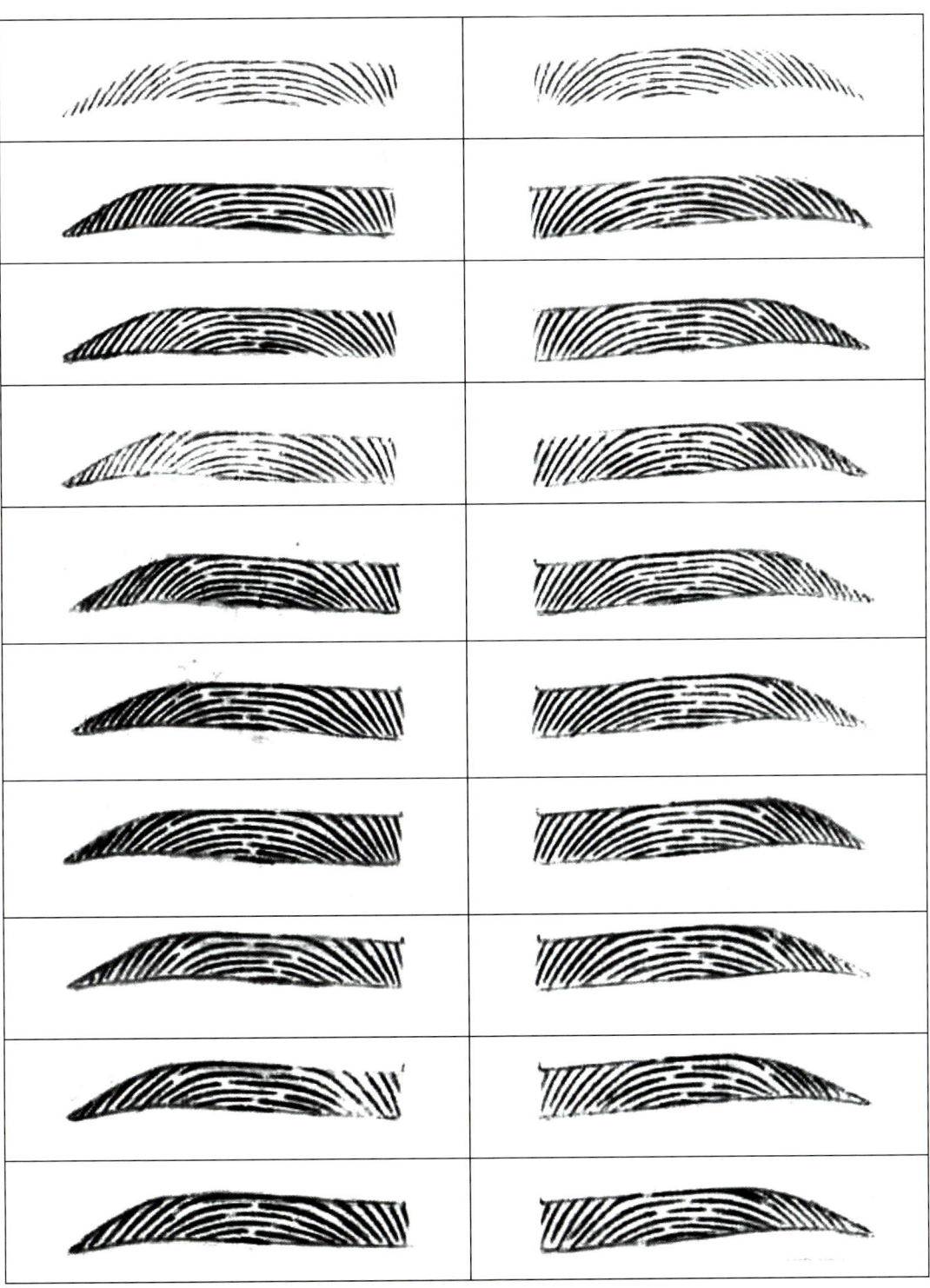

【 얇은 일자형 눈썹그리기 연습 】练习画细的一字眉

【 두꺼운 일자형 눈썹그리기 연습 】 练习画粗的一字眉

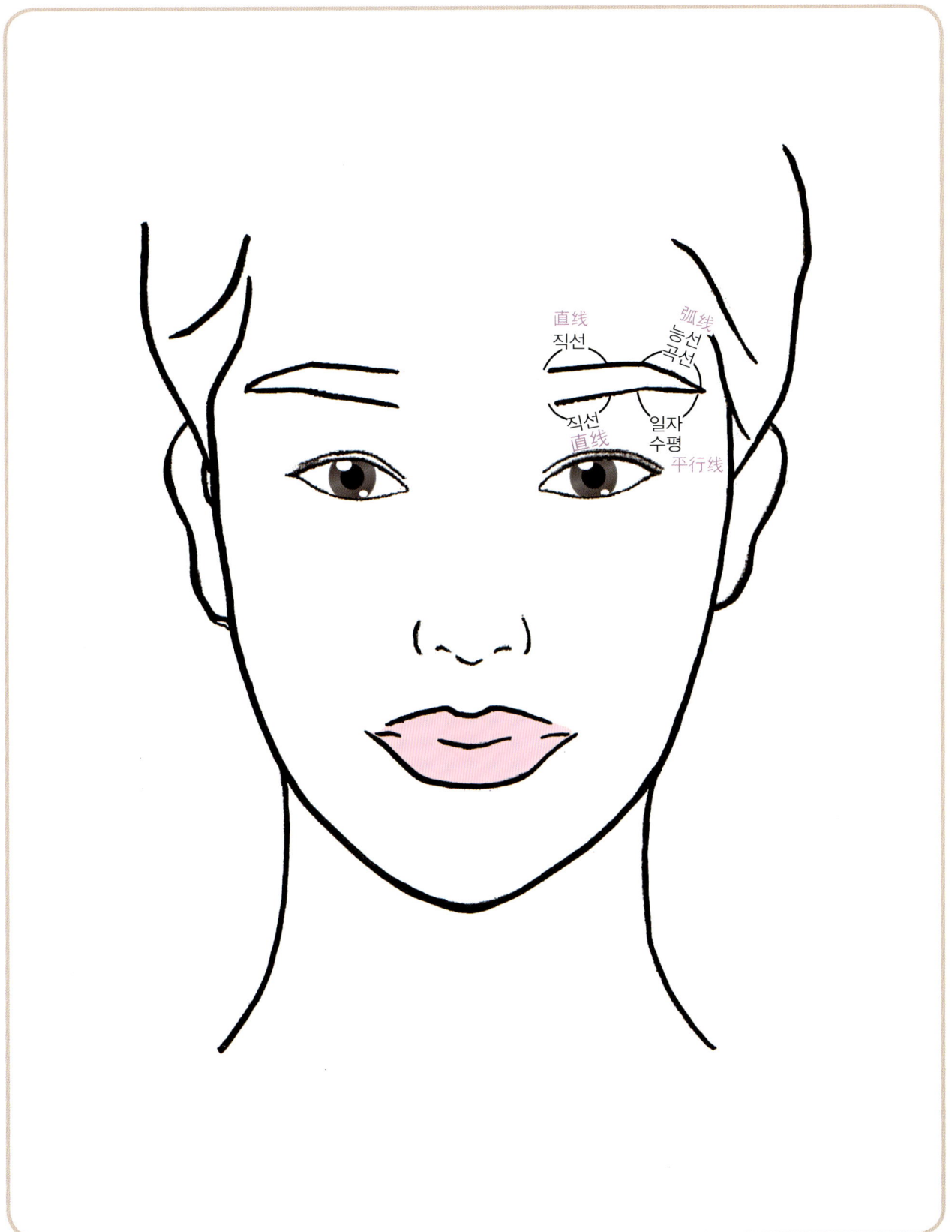

**각진형 눈썹**  각진 형태의 눈썹은 둥근 얼굴에서 잘 어울리는 눈썹 모양이며, 주로 50대~60대 사이의 여성들에게 인기가 있는 눈썹형태이다. 갈매기형이 비슷한 형태이며 약간 날카로운 느낌을 주기도 한다.

拱形眉毛
拱形眉适合圆脸。在50~60岁年龄段的女士里有人气。
拱形眉跟鸥型差不多给人带来干练的感觉。

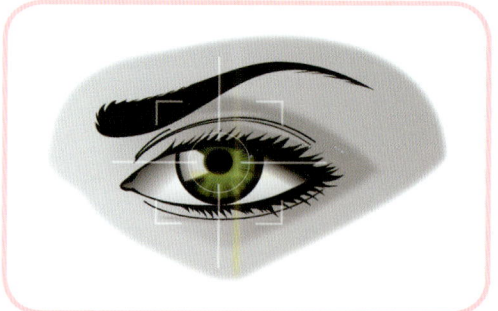
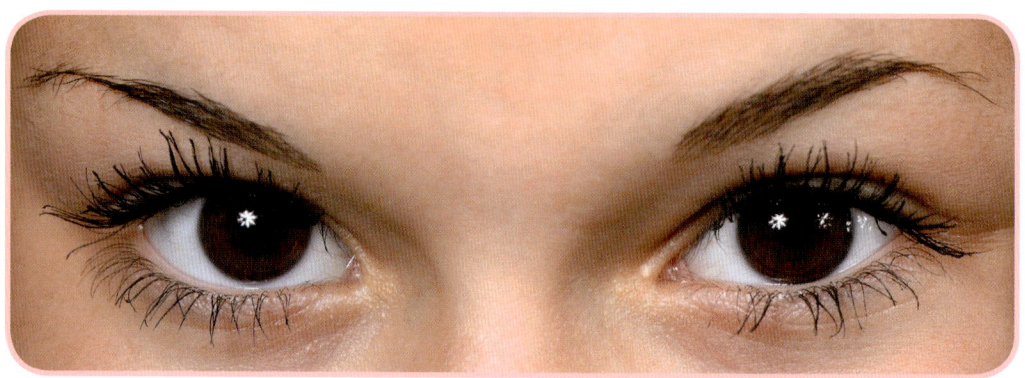

## 【 각진형 눈썹그리기 연습 】 练习画拱形眉毛

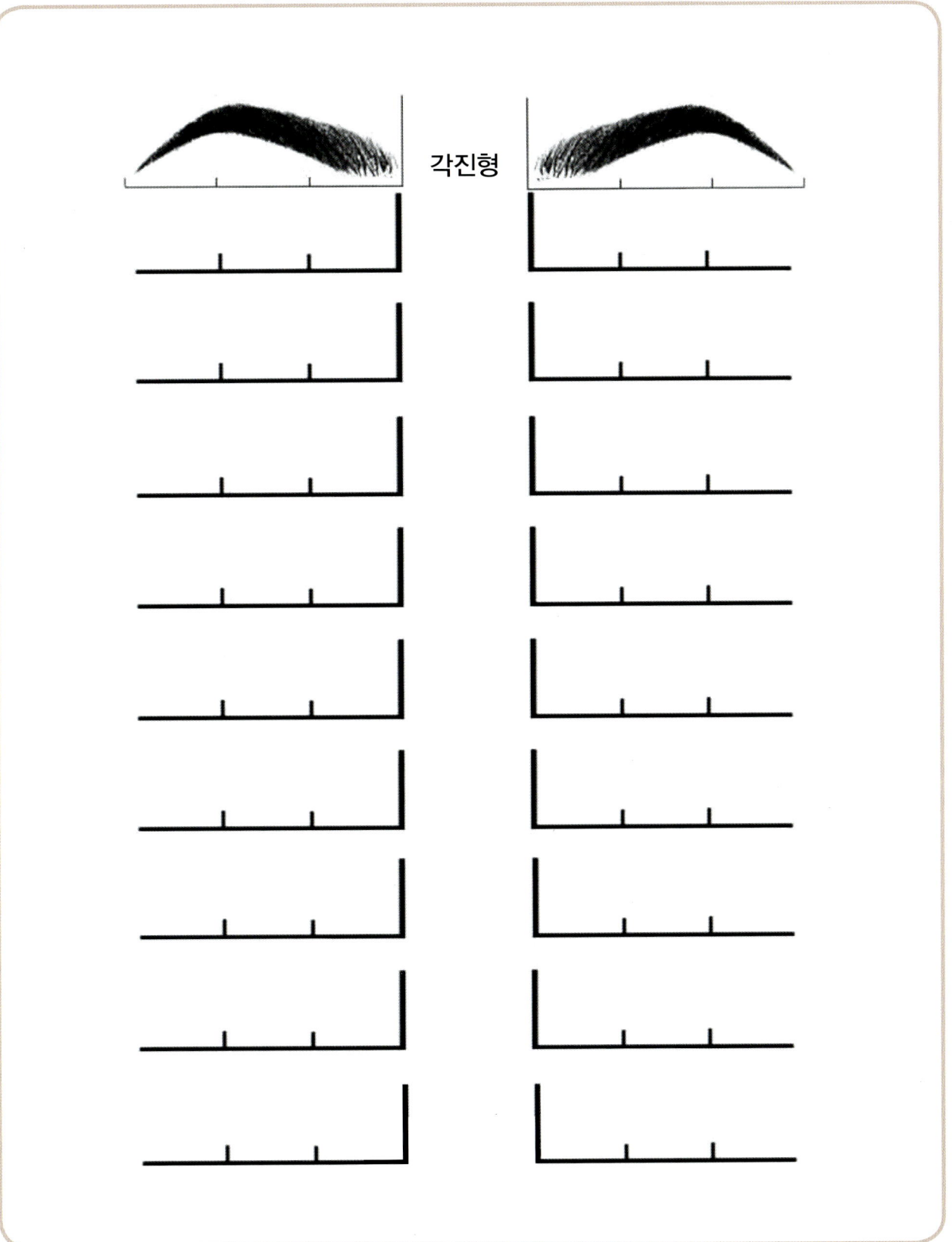

각진형

## 【 각진형 눈썹그리기 연습 】 练习画拱形眉毛

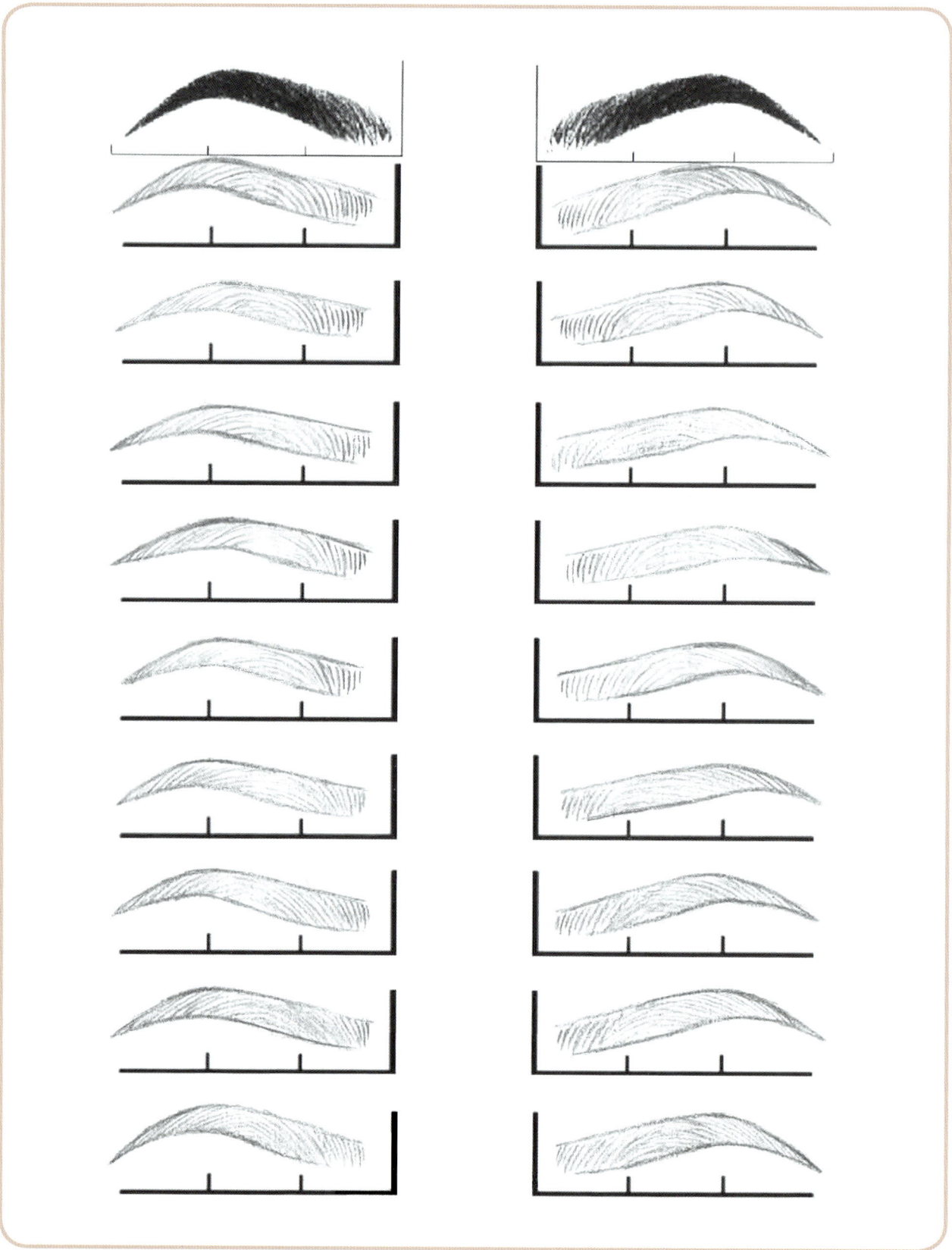

**【 얇은 각진형 눈썹그리기 연습 】** 练习画细的拱形眉

## 갈매기형 눈썹 欧型眉

**【 갈매기형 눈썹그리기 연습 】** 练习画欧型眉

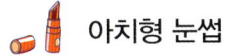 아치형 눈썹

역삼각형이나 이마가 넓은 얼굴에 잘 어울리는 눈썹형태이다. 고전적이긴 하나 눈매가 날카로운 얼굴에는 좀 더 인상이 부드러워 보이는 효과를 볼 수 있다.

柳叶眉
柳叶眉适合倒三角脸型或适合额头宽的脸型。 柳叶眉虽然有古典风但让敏锐的印象更加温柔。

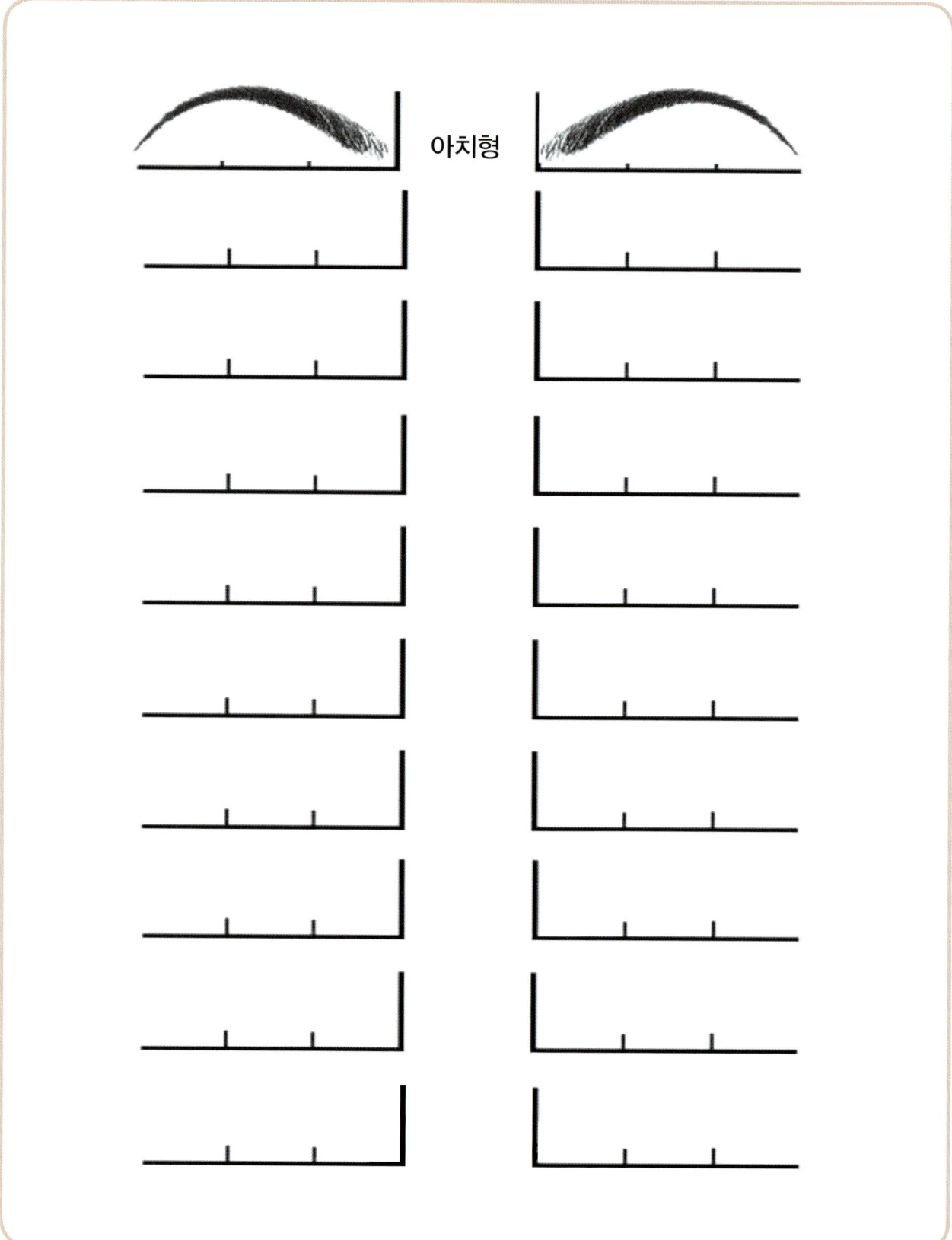

# 【 아치형 눈썹그리기 연습 】 练习画拱形眉毛

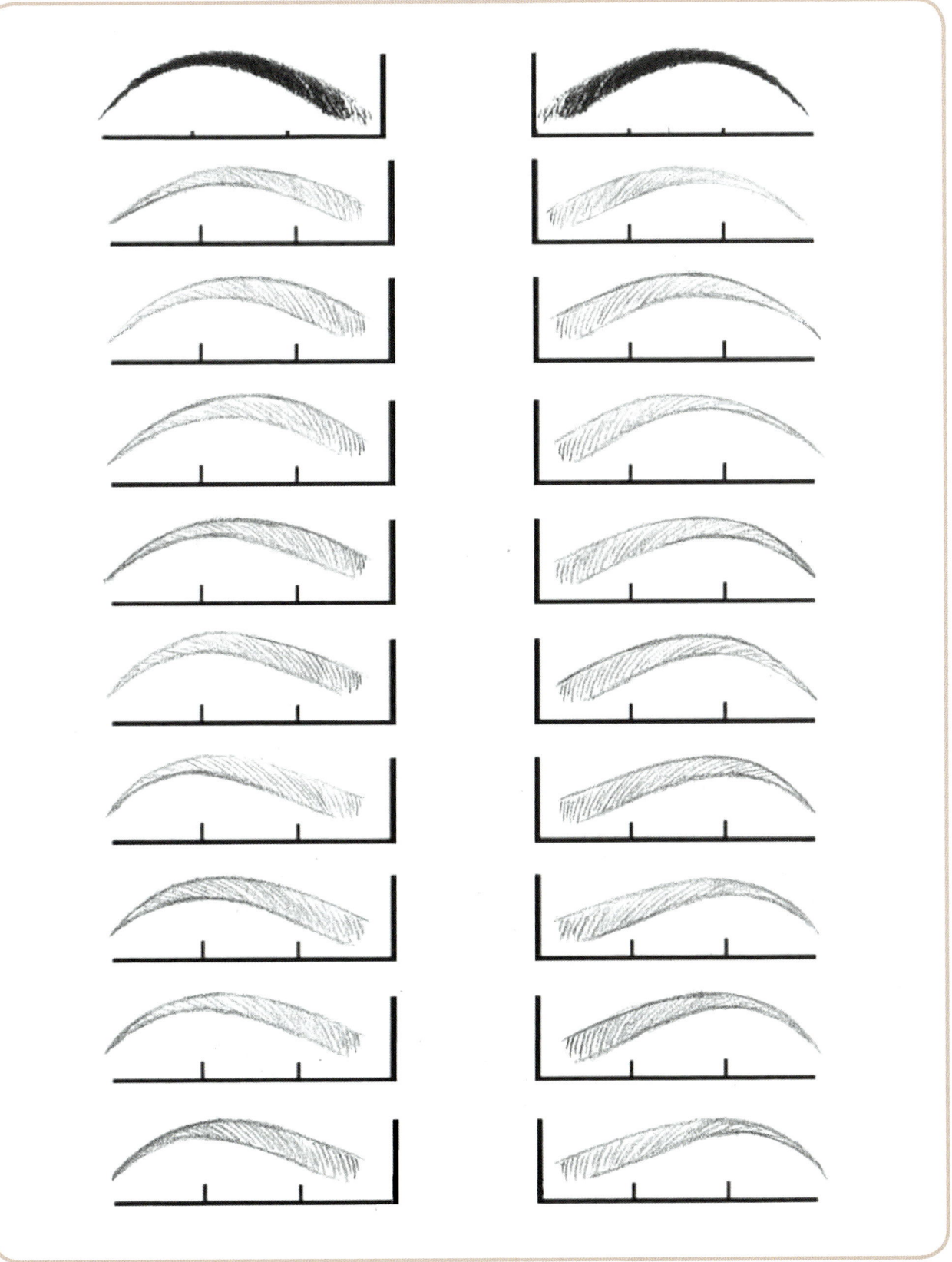

**남자 눈썹**

남자눈썹은 여자눈썹보다 좀 더 두껍고 일자 형태를 많이 하며, 굵고 길이가 짧은 것이 특징이다.

최근에는 남자들의 눈썹 시술이 눈에 띄게 증가하고 있는 추세이므로 충분한 연습이 필요하다. 다만 여자들처럼 컬러가 다양하지 않고, 유행에 따라 디자인이 바뀌는 경향이 드물다.

**男士眉毛**

男士眉毛的特点比女士眉毛厚一字眉较多, 比较粗。

最近男士眉毛纹绣见得越来越多, 所以要充分的练习。但很少更换流行设计, 颜色也没有很多种。

## 【 남자눈썹 그리기 연습 】 练习画男士眉毛

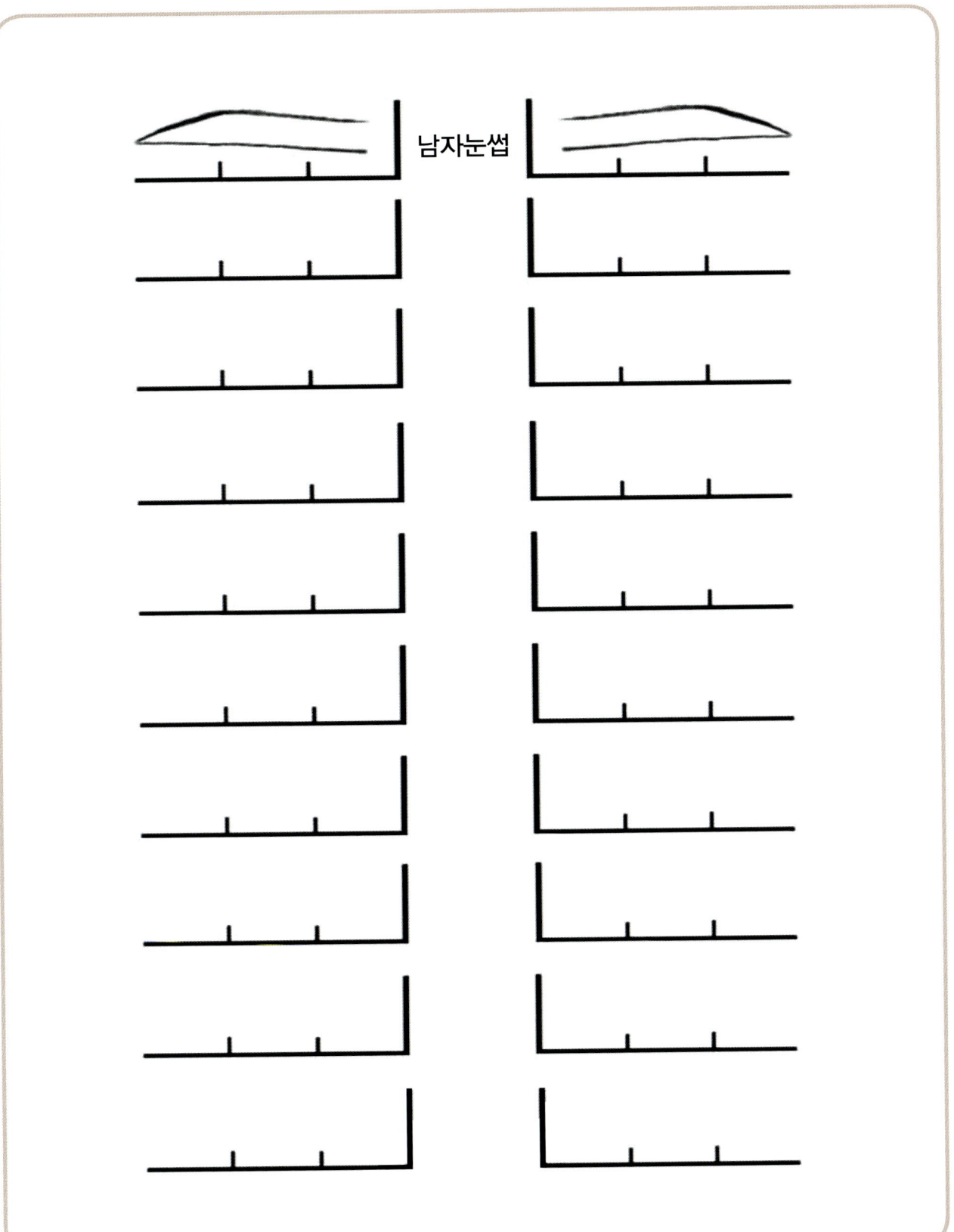

남자눈썹

## 【 남자눈썹 그리기 연습 】 练习画男士眉毛

남자눈썹

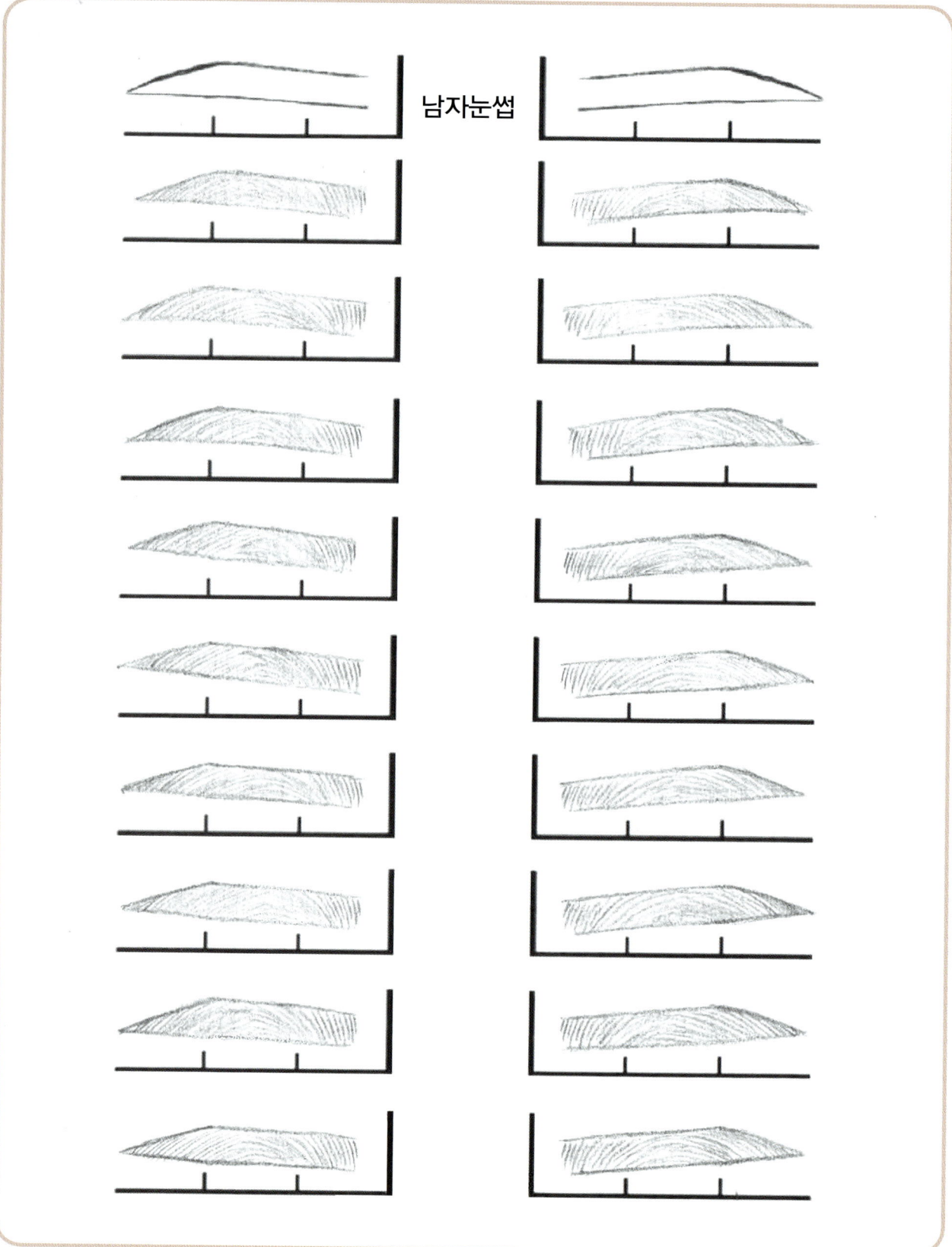

## 【 남자눈썹 그리기 연습 】 练习画男士眉毛

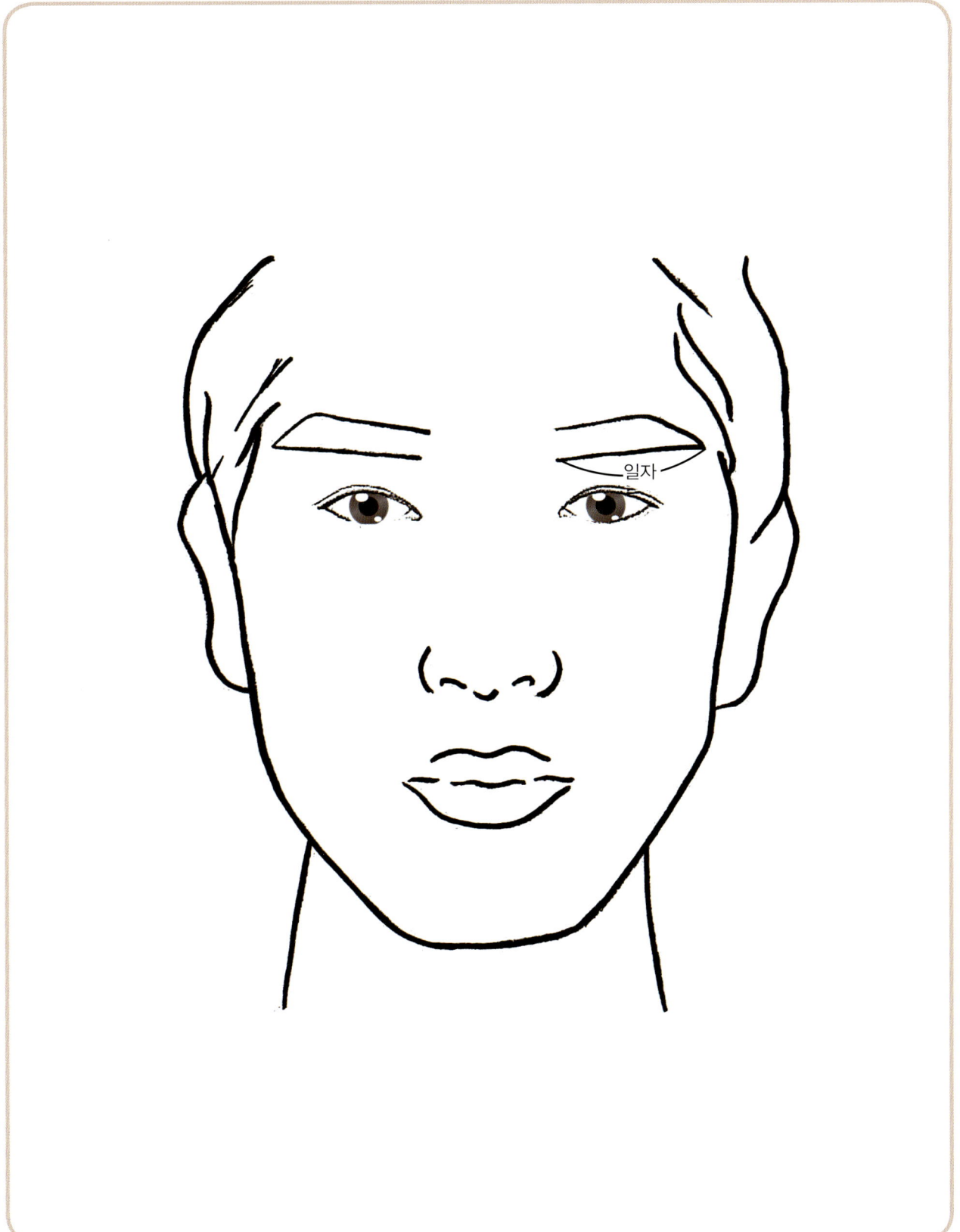

# 【 눈썹 실제연습 】 实际练习画眉

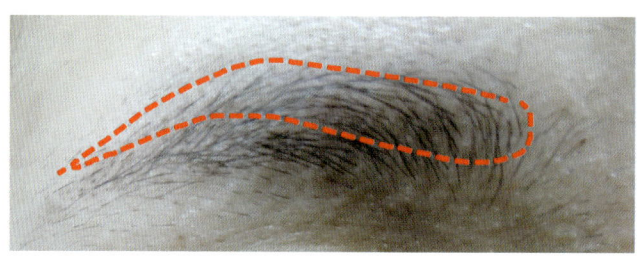

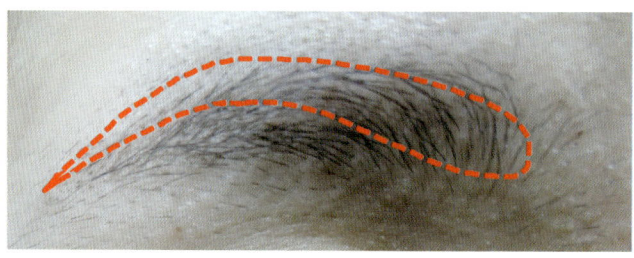

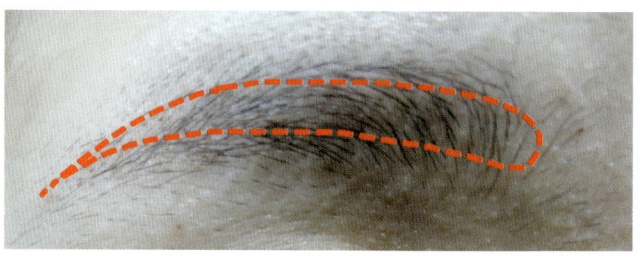

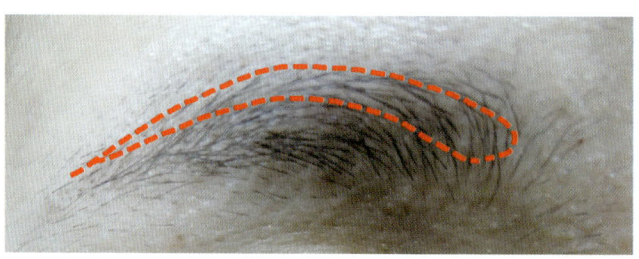

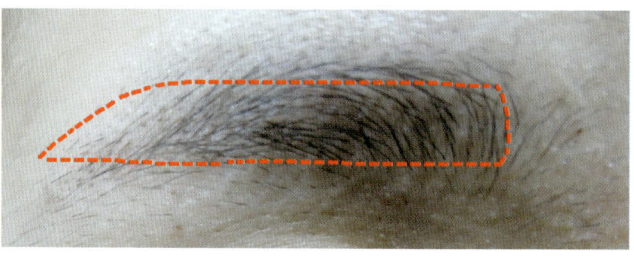

# CHAPTER 03 | 아이라인 Design
眼线设计 Design

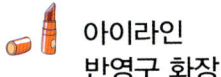 **아이라인 반영구 화장**

아이라인 시술은 가장 간단하면서도 가장 까다로운 시술 작업 중 하나이다. 시술할 때 눈 떨림이나 눈물을 흘리는 고객이 많기 때문에 시술시간이 길고 여러 번 해야 하는 번거로움이 있다.

**眼线半永久化妆**
线纹绣又简单又有时很难操作。纹绣时眼睛颤抖或流眼泪的顾客较多，因此手术时间微长。要数次纹绣较麻烦。

**아이라인 디자인의 적용**

아이라인을 디자인할 때는 눈꼬리가 올라가 있는지 내려가 있는지의 여부를 판단해야 하며, 눈이 둥근형인지 긴 형태인지에 따라 디자인을 적용해야 한다. 시술시 눈 앞쪽보다는 꼬리 부분을 좀 더 진하게 하는 것이 일반적인데 꼬리부분의 색소가 상대적으로 더 쉽게 잘 빠지기 때문이다.

**眼线设计应用**
设计眼线时要判断眼尾是向上还是向下，判断眼睛是圆型还是长型，根据形态来设计眼线。手术时眼尾一般比眼头颜色更深，因为眼尾颜色容易掉色。

## 【 아이라인 선 그리기 】 练习画眼线

아이라인 선 긋기 연습은 삐뚤지 않으면서 직선 혹은 곡선으로 라인을 그려내는 것이 중요하다.
练习画眼线时不能歪要画出直线很重要。

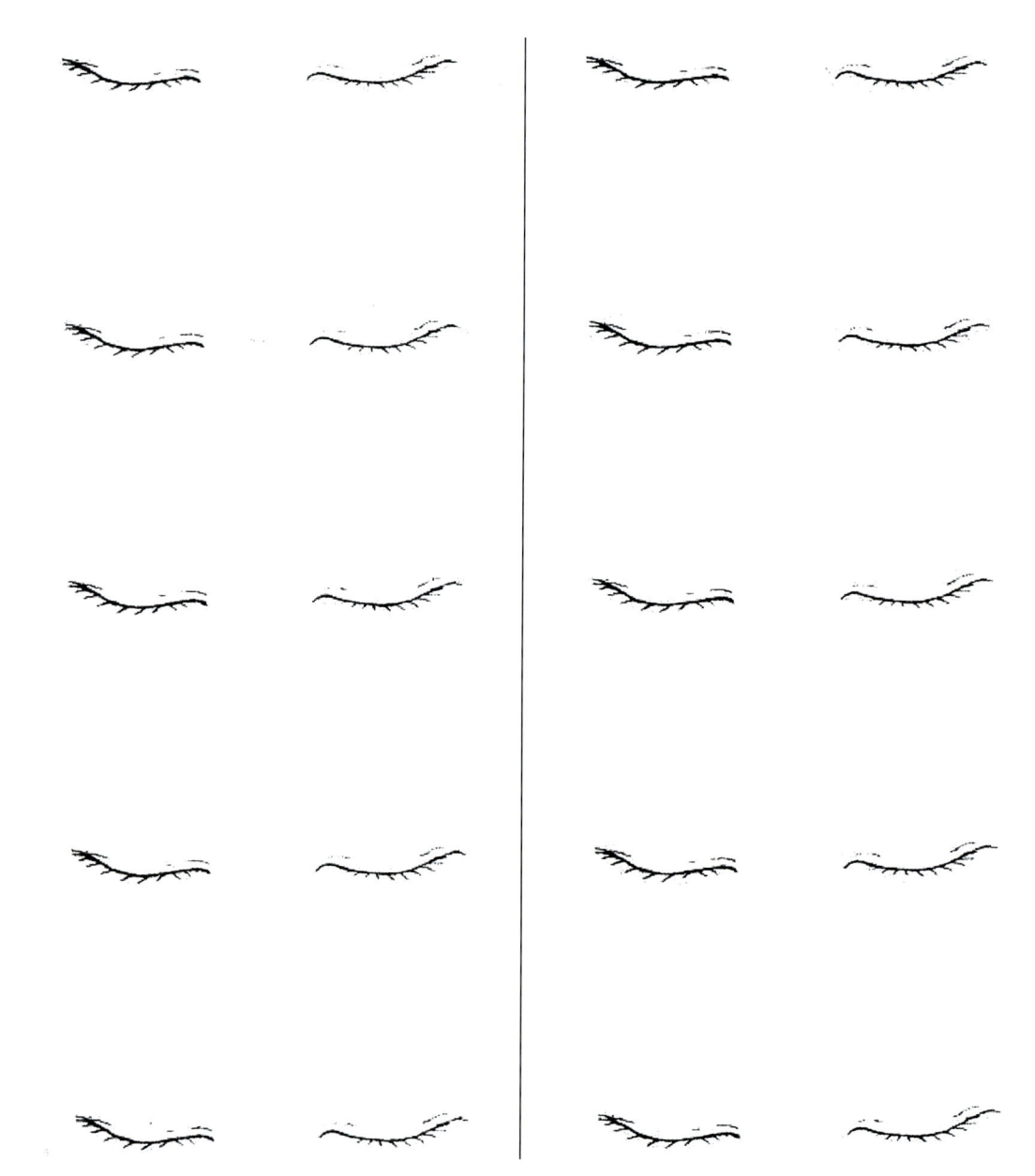

## 【 아이라인 그리기 연습 】 练习画眼线

눈매가 사람마다 매우 다양하기 때문에 눈꼬리의 처짐과 올라간 정도를 체크하여 라인의 선을 연습하는 것이 중요하다.
특히 꼬리부분으로 갈수록 진하고 굵게 그리는 것이 효과적이다.

眼睛有很多种形态，所以要看好眼尾是向上或向下来练习眼线。 特别要画好眼尾时要有颜色加深和眼线加粗，这样效果更佳。

| 간격이 좁은 눈 | 간격이 넓은 눈 |

03 아이라인 Design

【 아이라인 그리기 연습 】 练习画眼线

| 처진 눈 | 올라간 눈 |

# CHAPTER 04 입술 Design
唇部设计 Design

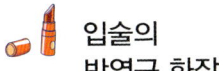 **입술의 반영구 화장**

입술은 반영구 시술이 이루어지는 부위 중 가장 통증이 심하고 색소의 유입이 잘 안 되는 곳이다. 입술에는 주름이 많기 때문에 시술시 입술을 평평하게 당겨서 시술해야 하며, 여러 번 반복해야 한다.

**唇部半永久化妆**
唇部纹绣在所以工作当中色素吸收不易而且是最疼痛的部位。
唇部皱纹较多所以纹绣时要拉平唇部反复纹绣。

 **입술의 반영구 디자인 적용**

입술 디자인 시에는 윗입술과 아랫입술의 비율을 1:1.5의 배율로 디자인해야 한다. 그리고 양쪽 입술의 꼬리부분이 올라가 있는지 내려가 있는지를 살펴본 후에 시술에 들어가야 한다. 입술 디자인은 가장 간단하지만 시술 시에 시술자의 침이 많이 나올 수 있으므로 주의하여 시술한다.

**唇部半永久设计应用**
设计唇部时上唇和下唇的比例是 1:1.5。然后要观察两边唇尾是向上或向下后在进行纹绣工作。纹绣时虽然简单但要注意流口水的情况。

### 반영구 메이크업 디자인 앤 스킬

◆ **인 커브디자인** 唇部向里曲线

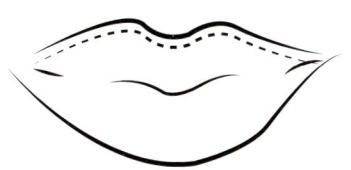

본인의 입술보다 0.05cm 안쪽으로 시술하는 방법으로, 아랫입술이 두꺼운 경우에 시술한다.

下嘴唇厚情况下，比本人的唇型向里 0.05cm纹绣方法。

◆ **아웃커브 디자인** 唇部向外曲线

본인의 입술보다 0.05cm 바깥쪽으로 시술하는 방법으로, 아랫입술이 얇은 경우에 시술한다. 아랫입술은 좀 더 두껍게 시술해도 무관하다.

下嘴唇薄的情况下，比本人的唇型向外 0.05cm纹绣方法(可以适当加粗)。

◆ **입술 디자인** 唇部设计

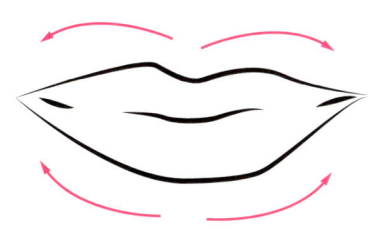

입술을 시술할 때는 중앙에서 바깥쪽으로 시술하며, 안쪽 점막부분과 양쪽 끝부분은 시술하지 않는다. 그리고 너무 과도한 인커브와 아웃커브 디자인은 하지 않는다.

纹绣唇部时从中间向外，里边卧缠部分和唇边不能进行纹绣，并且纹绣时不能令张。

◆ 볼륨이 있으나 라인이 없는 경우　有饱满感的嘴唇或没有唇线的嘴唇情况下

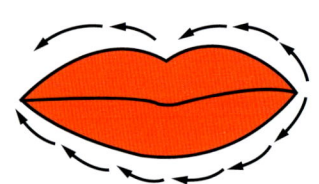

본 입술 그대로 라인만 넣어 색소를 채워 넣으면 예쁜 입술이 된다.

纹出唇线在填满颜色，这也可以表现出很漂亮的唇部。

◆ 윗입술 라인이 직선형인 경우　上嘴唇线一字型情况下

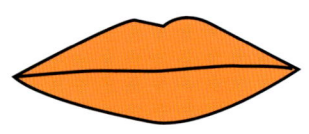

실제로 많은 사람들이 직선형의 윗입술 라인을 가지고 있다. 이러한 경우 고객의 니즈에 따라 약간의 곡선을 살려주는 방법과 그대로 직선을 살려 라인을 채우는 방법이 가능하다.

实际上有很多人是这种类型，这时根据顾客们的要求稍微纹绣有弧度的唇部或根据一字的唇型补充也可以。

◆ 발랄하고 귀여운 라인 선을 가지고 있는 경우　可爱活泼的唇型情况下

디자인 선은 윗입술 왼쪽부터 오른쪽으로 이동하는 순서로 시술하게 되며, 아랫입술은 오른쪽에서 왼쪽으로 라인을 넣고 시술한다.

纹绣的时候从左到右移动法来做手术。下嘴唇从右到左纹线来做手术。

## 【 아랫입술 디자인 】 下嘴唇设计

윗입술과 아랫입술의 비율이 1 : 1.5 배율이 되도록 둥글게 그리거나 곡선형으로 그린다. 만약 입술 꼬리가 너무 처진 경우라면(가장 아래 그림) 둥글게 굴려서 입 꼬리를 위로 올려주면 처진 입술이 상승되어 보이며 더욱 발랄한 이미지를 줄 수 있다.

上唇和下唇以 1 : 1.5比例画圆一点或弧一点。 万一唇尾过度向下的情况下(下图)画圆一点就可以让唇尾稍微向上表现可以带来活泼的印象。

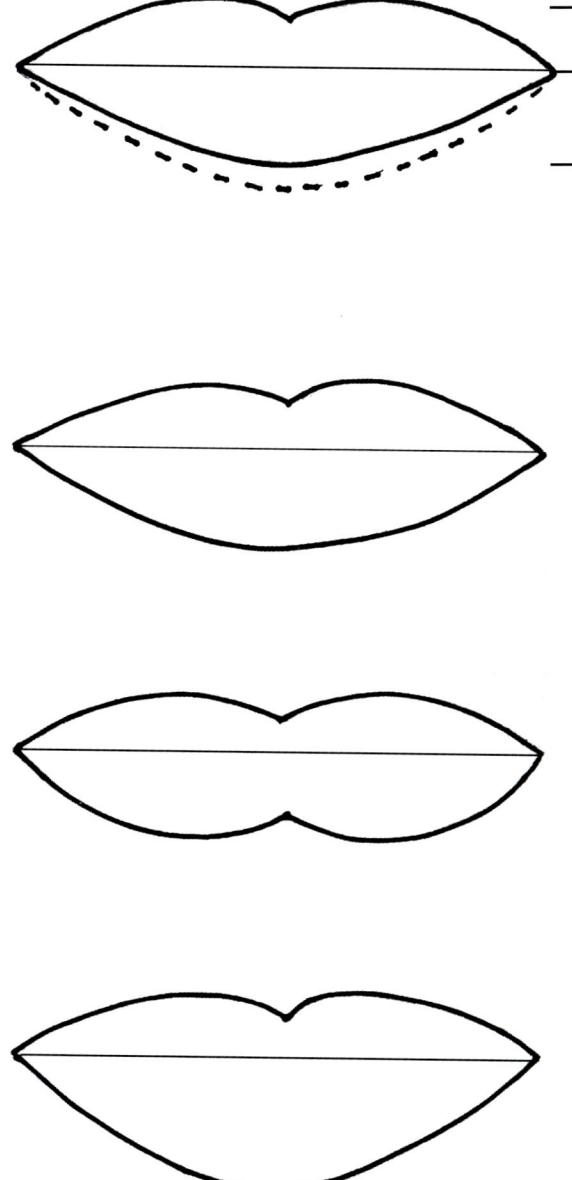

SEMI PERMANENT MAKE-UP

반영구 메이크업
디 자 인 앤 스 킬

# PART 4

## 반영구 화장의 기기

CHAPTER 01 엠보기기

CHAPTER 02 디지털 머신

CHAPTER 03 헤어라인의 디자인

CHAPTER 04 기타 도구

# CHAPTER 01 | 엠보 기기(Ambo Draw)
AMBO 机器(Ambo Draw)

### 엠보 기기란?

[엠보 기기와 니들] AMBO机器与针

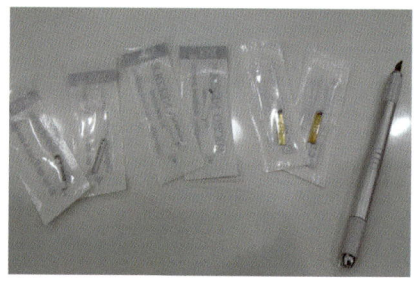

14개의 니들이 사선 또는 원형으로 배열되어 있는 기기로 선 하나하나를 정교하게 그리는데 사용된다. 주로 눈썹용으로 사용되며, 숙련된 디자이너의 경우에는 엠보 기기를 사용하여 빠르고 정확하게 선을 살려서 시술할 수 있다.

关于Ambo机器

机器里有14个针排成圆形或排成斜线, 可以画成很精致的线。 主要用于纹绣眉毛, 有经验的设计师情况下利用Ambo机器又快又准确的绣出有活力的线。

### 엠보 기기의 특징

사선으로 정교하게 연결되어 있기 때문에 힘을 필요 이상으로 많이 가하여 시술하면 깊은 상처를 낼 수 있다. 또한 실수로 그어진 시술자국을 수정하기 어렵다는 단점을 가지고 있기 때문에 곡선처리가 어려워 많은 연습이 필요하다.

Ambo机器特点

斜点很精致所以纹绣时用力会绣出很深的伤口, 修改失误点时反而更费精力。 还有使用Ambo机器时很难掌握弧度所以需要更多的练习。

반영구 메이크업 디자인 앤 스킬

 ## 엠보드로우의 특징    画Ambo特点

1. 시술지면과 기기의 각도를 90도로 유지하여, 천천히 시술해야 한다.
2. 색소가 묽은 타입이면 제대로 착색되기가 어렵기 때문에 엠보용 색소를 사용하여 시술하는 것이 좋다.
3. 시술 선은 일정한 간격을 두어야 하며, 선을 너무 짧게 여러 번하는 것보다 길게 곡선을 살려 시술하는 것이 좋다.
4. 눈썹 앞부분은 니들을 약간 들어서 색소가 약하게 들어가도록 하는 것이 자연스럽고, 눈썹의 끝부분은 색소가 빨리 빠지는 경향이 있으므로 조금 더 진하고 선명하게 시술하는 것이 좋다.

1. 纹绣时保持 90°角度, 慢慢并细心的进行纹绣。
2. 色素不靠的话上色比较难, 用Ambo色素的话更好。
3. 要保持纹绣距离, 纹绣长弧形比纹细线更好而且还不用反复画线。
4. 眉头部分要稍微举一点机器前头纹细细线, 色素渗入皮肤较快更自然。眉尾色素抑色较 快, 纹绣时要清晰然后颜色加深更好。

> **TIP**
>
> 엠보(Embo)라는 말은 자수라는 뜻으로 눈썹에 자수를 놓듯 새긴다는 의미이며 일렬로 된 바늘이 서로 붙어 하나의 칼처럼 생긴 도구를 말한다. 바늘의 개수는 6~21개 등 다양하며, 국내에서는 10~14p를 주로 사용한다.
>
> Ambo这个词是刺绣的意思意味着在眉毛上刺绣。 Ambo是几个针连接在一起, 是看着像刀的机器。 针的个数是 6-21 P（个）, 有很多种。韩国主要用10-14 P（个）。

01 엠보기기(Ambo Draw)   73

## 2 엠보기기의 디자인 연습 Ambo机器设计练习

**엠보기기 디자인 연습 1**

1. 눈썹의 디자인을 선정하여 윤곽을 잡는다.
2. 눈썹의 중심부분을 먼저 윤곽을 잡아본다.
3. 꼬리부분의 윤곽을 잡는다.
4. 중심부 아래 부분과 앞머리 부분의 윤곽을 잡아 완성한다.

**Ambo机器设计练习 1**
1. 选定眉毛设计轮廓
2. 选定眉毛中心轮廓
3. 选定眉毛轮廓
4. 选定中心部位, 下边部位, 眉头部位的眉型来完成

**엠보기기 디자인 연습 2**

1. 앞부분부터 윤곽을 잡아 두 번째 뒷부분으로 연결한다.
2. 세 번째는 중심 부분부터 라운드 선을 잡아 뒷부분, 앞머리 부분의 순서로 완성한다.
3. 네 번째는 아래 부분부터 중심부위 앞부분의 순서대로 윤곽을 잡아본다.

**Ambo机器设计练习 2**
1. 从眉头开始选定轮廓 连接眉尾部分
2. 从中心部分定下圆线, 先从后边到前边的顺序来完成
3. 从下边部分开始到中心部位然后到前部位的顺序来完成

◆ 각진형 눈썹
(拱形眉)

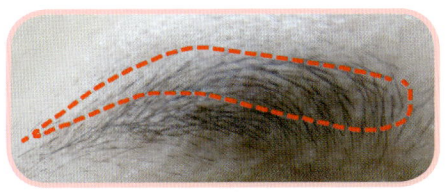 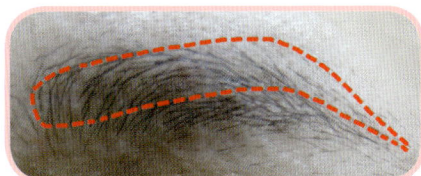

◆ 갈매기형 눈썹
(鸥形眉)

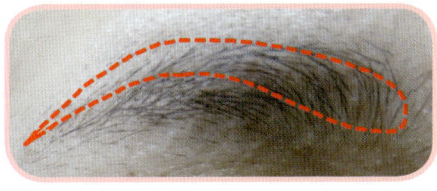 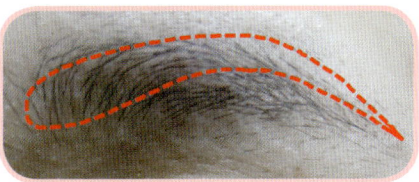

◆ 긴형 눈썹
(长形眉)

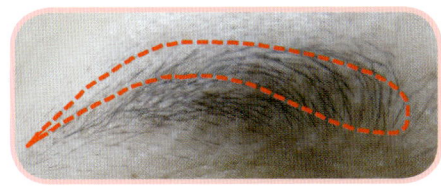 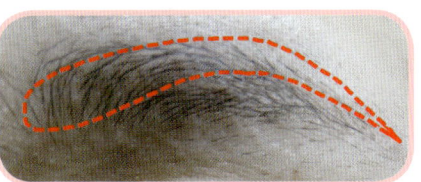

◆ 아치형 눈썹
(柳叶眉)

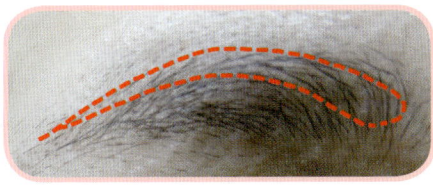 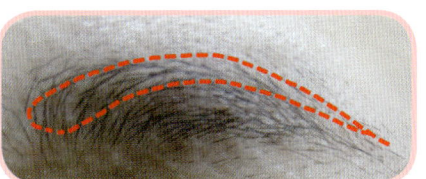

◆ 일자형 눈썹
(一字眉)

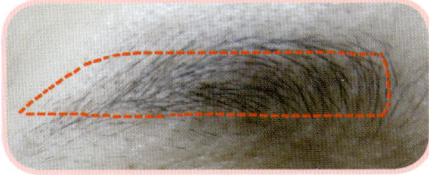 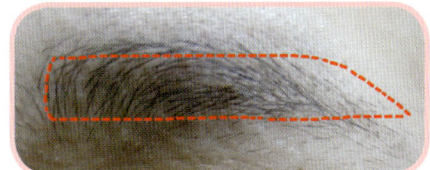

> **TIP**
>
> 엠보기기 디자인 연습 1, 2에서와 같이 눈썹의 윤곽을 잡아가는 순서는 크게 중요하지 않으며, 시술자가 편한 자세에서 눈썹의 라인을 살려서 고객이 원하는 라인을 얼마만큼 잘 잡고 윤곽을 잘 표현하는지가 중요하다.
>
> 如同Ambo机器练习 1&2, 利用机器选定眉毛轮廓(顺序不太重要)。 手术者以放松的姿势来纹绣客户需求的眉型。

[엠보기기 디자인] Ambo机器设计

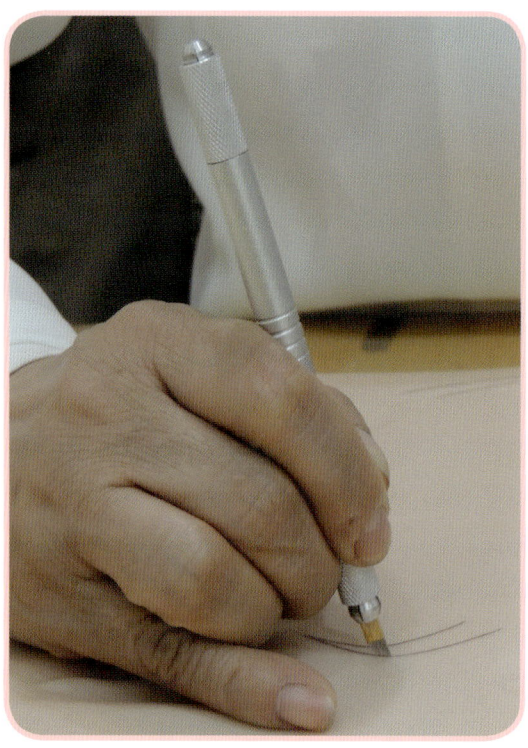

엠보기기 디자인
Before

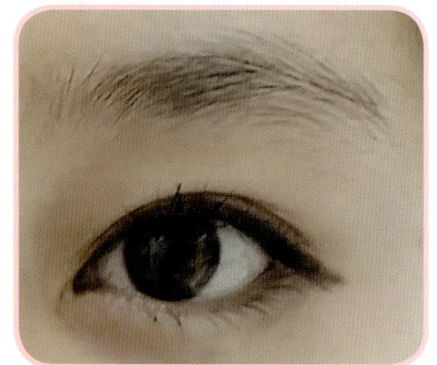

엠보기기 디자인
After

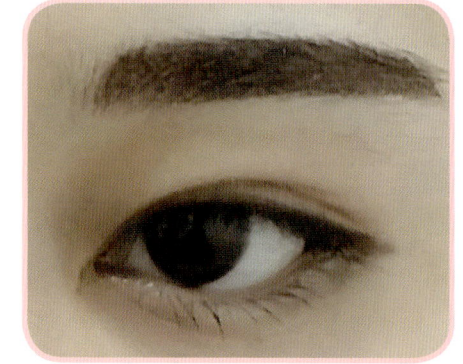

반영구 메이크업 디자인 앤 스킬

## 3 엠보기법 Ambo技法

### 수지 기법

수지 기법은 일명 뜯기 기법이라고도 하며, 피부 중 색소가 잘 착색이 되지 않는 부분에 엠보 니들의 뒷부분 1/3 지점으로 피부 속을 들어 올리듯이 시술하는 기법이다. 주로 눈썹의 끝부분에서 중간까지의 시술에 적용하나 전체를 수지기법으로 채우는 경우도 많다. 수지기법은 섬세하고 시술 직후에도 어색해 보이지 않는 것이 특징이다.

**竖指技法**
一般称为抠法。皮肤中有时颜色渗入度较低，所以用Ambo针面3分之1的后半部分来提起皮肤里层来操作。主要纹绣眉毛后半部分到中间部分，也很多情况下以这种方式纹绣全部眉毛。竖指技法纹绣效果比较细腻文秀后也不会很尴尬。

### 라운딩 기법

라운딩 기법은 엠보기기를 눈썹이 자라 있는 부분의 형태대로 둥글게 그려서 시술하는 기법이다. 일반적으로 가장 많이 사용하는 기법이다.

**Rounding 技法**
在眉毛长出来的形态上画圆线来纹绣。一般最多使用的纹绣法。

### 콤보 기법

콤보 기법은 엠보기기와 디지털기기를 혼합하여 부위별로 다양하고 조화롭게 그려 넣는 기법을 말한다. 예를 들어 색소가 잘 안들어가는 부위는 강한 엠보기기를 사용하고 눈썹 앞부분에 흐리고 옅은 색소를 착색시킬 때는 디지털 머신으로 시술하는 경우이다. 또한 1차로 엠보로 선을 그어놓고 2차로 그라데이션으로 면을 채우는 시술이나, 1차로 그라데이션을 연하게 하고 2차로 그 위에 선을 눈썹결처럼 자연스럽게 채우는 기법을 말하기도 한다.

### Combo 技法

combo技法是Ambo机器和数码机器混合使用比较多样而且和谐画进去的技法。比如色素渗入皮肤差的地方操作Ambo机器，眉头部位要用浅色渗入色素时使用数码机器操作。还有用于第一次操作Ambo画线第二次画渐变时，或第一次用浅色渐变第二次在上面用线画自然的画眉毛时用得技法。

## 4 엠보기법의 장·단점  Ambo技法的长短处

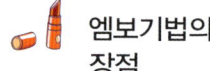 **엠보기법의 장점**
엠보기법은 시술이 간단하고 시간을 단축시킬 수 있으며 자연스러운 것이 장점이다.

**AMBO技法的长处**
长处：手术比较简单可以减少时间而且自然。

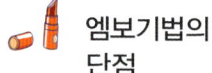 **엠보기법의 단점**
색이 빨리 빠지고 얼룩지면서 빠진다는 단점을 가지고 있다. 일반적으로 엠보기법을 사용한 시술의 유지기간은 6개월에서 1년 정도이다.

**AMBO技法的短处**
短处：掉色比较快, 而且不均匀。使用Ambo机器纹绣的眉毛持续时间6个月~1年。

### 엠보기법
AMBO技法

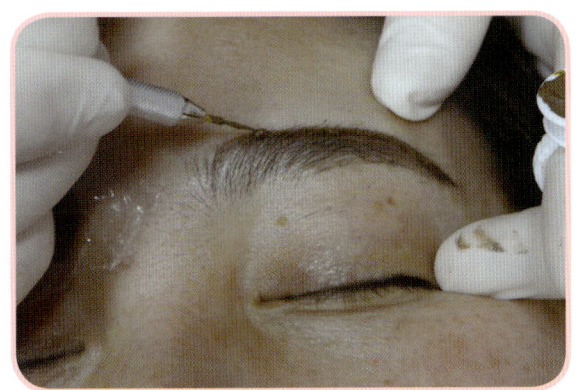

### 수지기법
竖指技法

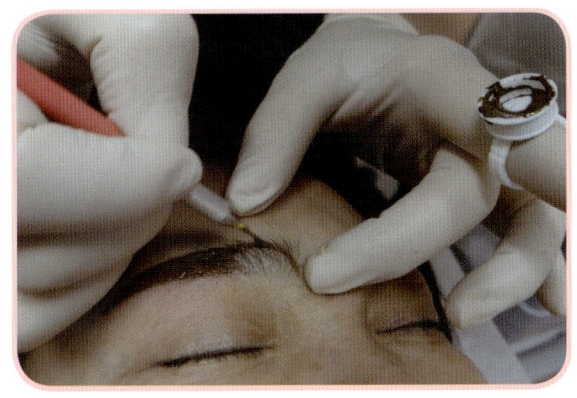

### 머신기법
数码技法

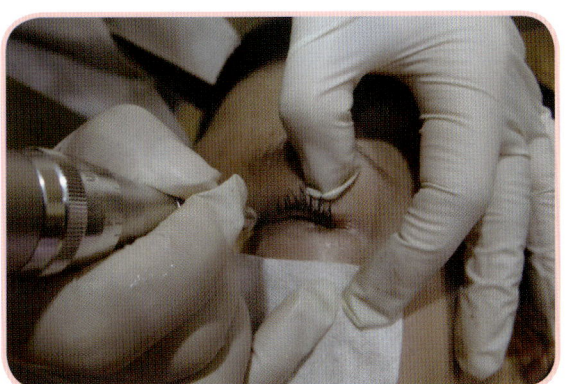

# CHAPTER 02 | 디지털 머신 (Digital Machine)

数码机器(Digital Machine)

디지털 머신은 니들의 일정한 회전방식으로 피부에 가하는 충격이 적고 시술하기 간편하다는 장점이 있어 널리 사용되고 있다. 일반적으로 아이라인과 입술은 반드시 디지털 머신으로 시술이 이루어져야 하며, 최근에는 눈썹 시술에도 자주 사용되고 있다.

디지털 머신은 기기본체가 일체형과 분리형의 니들로 나누어지며, 섬세하게 선을 살려준다. 따라서 눈썹의 경우 털이 많지 않은 경우에는 채우는 기법으로 활용되기도 한다.

数码机器有均匀的针面回转式纹绣到眉毛，对皮肤的冲击较少手术时很方便。 之所以比较方便对皮肤的冲击较少很广泛被使用。 眼线与嘴唇必须要用数码机器纹绣，最近纹绣眉毛时也经常用数码机器。

数码机器的针面本身分别于一致型和分离型。要纹绣细腻的眉毛情况下要在眉毛长得少的时候以填满的概念来操作。

[디지털기기의 사용] 操作数码机器

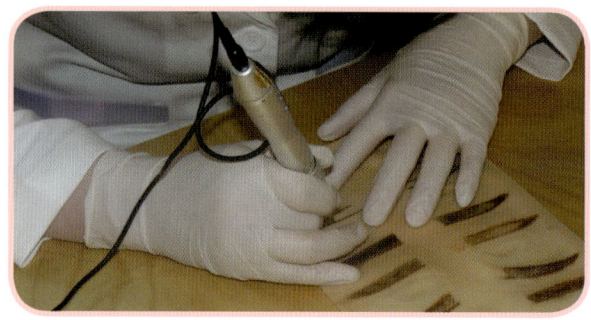 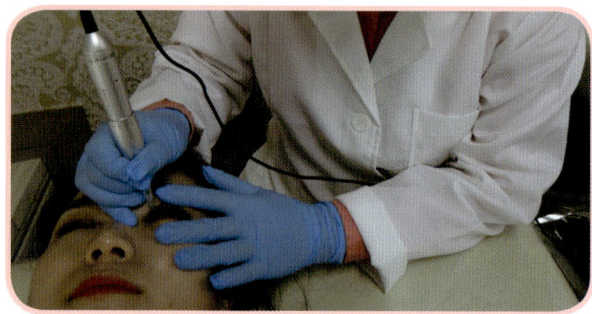

# 디지털 머신의 특징 数码机器特点

1. 니들의 종류가 1P, 3P, 5P, 7P 등으로 다양하므로 니들의 선택이 중요하다. 일반적으로는 1P, 3P를 많이 사용한다.
2. 니들은 허가를 받은 멸균처리된 것을 사용해야 하며, 반드시 1회용으로 사용해야 한다.
3. 니들의 속도를 조절할 수 있으며, 니들 밖으로 나와 있는 길이 또한 조절이 가능하다.
4. 니들의 속도를 너무 빠르게 하면 오히려 상처가 날 수 있기 때문에 조심해야 한다.
5. 니들의 각도와 속도가 적절히 맞을 때 색소침착이 잘 되며, 90도를 유지하는 것이 중요하다.
6. 바늘이 많은 니들일수록 빠르게 시술할 수 있으나 정교함이 떨어질 수 있다.
7. 눈썹은 주로 3P로 시작하여 1P로 마무리하기도 하는데, 피부층이 얇고 두꺼운 고객일 경우에는 1P로 하는 경우가 대부분이다.
8. 입술은 주로 3P로 하는 경우가 많으나 조직이 많아 색소가 들어가기 어렵기 때문에 시간이 오래 걸려도 1P로 세심하게 하는 경우도 있다.

1. 滚针面的种类分 1P, 3P, 5P, 7P 等多种多样, 选择时重要。 一般多用得是 1P, 3P。
2. 滚针面要使用经过允许通过消毒完成的, 必须使用一次性。
3. 会调整针面的速度, 有的针会比较长一点但可以调整长短。
4. 滚针面的速度快时反面造成伤口所以要小心。
5. 滚针力度和速度适当的时候色素渗入皮肤很好, 要维持90°比较重要。
6. 操作针数多的滚针时纹绣速度快但不会精巧。
7. 眉毛主要使用3P结束时用1P, 皮肤层薄或厚的顾客主要用1P来纹绣。
8. 嘴唇一般用3P。 但纹绣唇部时色素渗入皮肤比较难可为了纹绣精巧忽略手术时间用1P纹绣也可以。

## 2  디지털 머신의 디자인 数码机器设计

[디지털기기의 디자인] 数码机器设计

Before

After

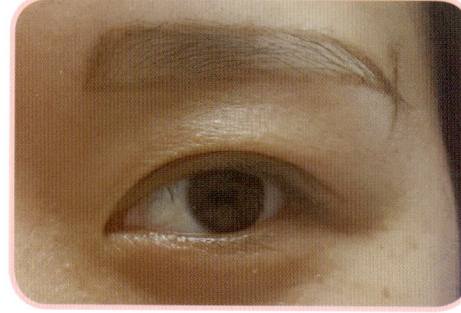
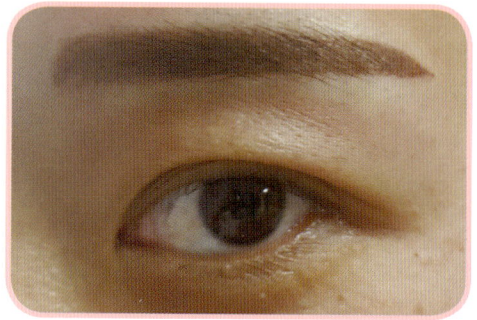

## 3  디지털 머신의 기법 数码机器技法

**그라데이션 (Gradation) 기법**

색을 고르게 펴서 착색시키는 기법으로 선을 이용하여 면을 채우는 시술이다. 이 기법은 색이 뭉치지 않고 자연스러운 시술을 원하는 고객에게 좋은 시술기법이다. 주로 눈썹시술에 사용되며 눈썹 앞부분은 연하게, 뒤로 갈수록 진하게 시술한다.

渐变技法(Gradation)
把色素均匀的展开来渗入皮肤的技法。
利用线填满面的手术工作。这个技法纹绣效果自然,色素不会结在一起可满足喜欢自然一点的顾客要求。主要用于纹绣眉毛,眉头到眉尾浅到深的渐变。

[그라데이션 기법] 渐变技法

| 반영구 메이크업 디자인 앤 스킬

 **페더링 (Feathering) 기법**

털이 난 방향으로 하나하나 올리는 시술기법이다. 털이 많이 나 있는 부분에는 털이 난 방향으로 시술하면 털에 걸려 시술이 불편할 수 있으므로 아래에서 위 방향으로 시술하기도 한다.

### Feathering 技法
从长毛的方向开始一根一根往上纹绣的技法。 毛比较旺盛的地方跟着毛长出来的方向纹绣的画会挂在毛上不是很方便, 所以可以用从下到上的方法来纹绣。

 **지그재그 기법**

입술은 특히 주름이 많기 때문에 일반적인 방법으로는 색소의 침착이 잘 되지 않는다. 따라서 머신을 사선으로 또는 지그재그로 선을 넣은 다음 롤링기법으로 그 위에 색소를 넣어주는 방법으로 시술을 해야 착색이 잘된다.

### "之"字形技法
嘴唇皱纹特别多用一般的方法色素渗入度不好, 跟着用数码机器用 "之"字形纹绣线然后用滚动的方式在上面上色素的方法纹绣的方法色素会很好的渗入皮肤。

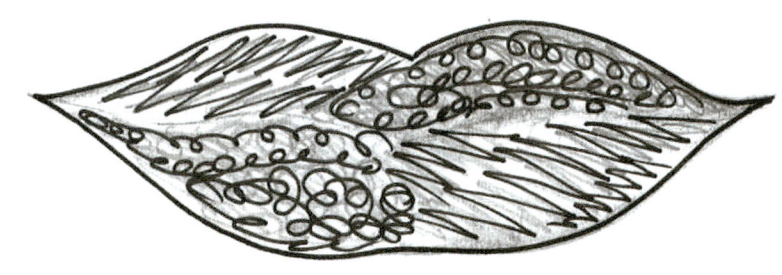

[머신기법/색소주입] 数码技法&注

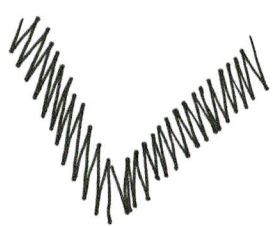

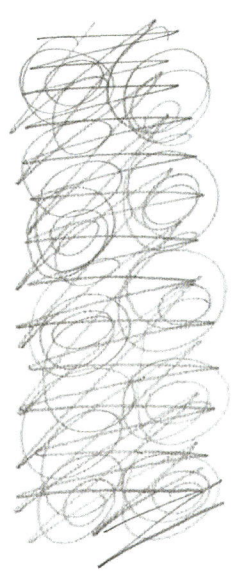

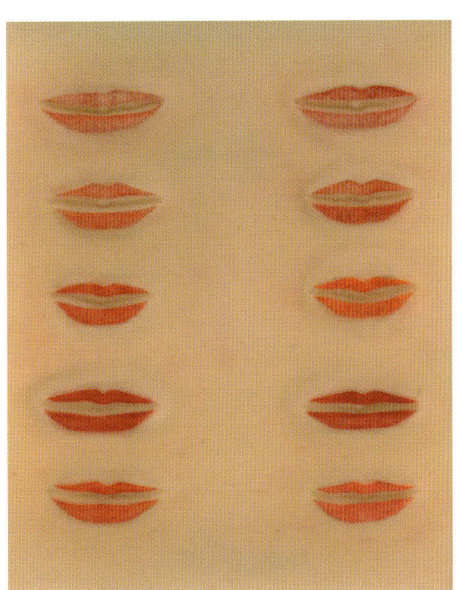

# CHAPTER 03 헤어라인의 디자인
发际线的设计

## 1 헤어라인의 디자인  设计发际线

헤어라인은 반영구 시술에서 가장 단순한 디자인이지만 머리카락의 유동성을 고려해야 하며, 고객의 헤어스타일과 잘 어울리게 디자인하는 것이 관건이다. 일반적으로 헤드 윗부분보다는 양옆의 헤어라인을 중심으로 시술이 이루어진다.

发际线设计虽然简单但是纹绣时要考虑好头发的流动性。关键是要跟顾客的发型搭配,纹绣发际线时位置在额头两部发际线。

> **TIP**
>
> 1. 헤어라인이 위에서 아래로 내려가는 디자인일 경우는 직선으로 내리기보다는 헤어라인의 유동성을 고려하여 약간의 곡선으로 이어지도록 하는 것이 자연스럽다.
> 2. 헤어라인이 뒤쪽으로 넘겨가는 디자인일 경우는 위에서 아래로의 곡선보다는 앞에서 뒤쪽 방향으로 흐르듯이 곡선처리를 하는 것이 자연스럽다. 그러나 시술부위가 넓은 경우는 부자연스러울 수 있으므로 주의해야 한다.
>
> 1. 设计上到下的发际线时用弧线纹绣比直线纹绣更要自然(要考虑头发的流动性)。
> 2. 设计前到后的发际线时用前到后的方向纹绣流动的弧线比上到下的方向更要自然(纹绣部位宽的情况要多注意,因为有可能显的不自然)。

## 2 시술방법 纹绣方法

시술은 보통 엠보시술로 이루어지며, 탈모가 오래된 부위는 디지털머신과 엠보를 동시에 사용하여 콤보기법으로 하는 것이 효과적이다. 탈모부위는 피부층이 일반인보다 훨씬 얇고 잔류모발이 없어 디자인에 각별히 신경을 써야 한다.

一般用Embo机器，脱发比较严重的部位同时使用Embo 和数码机器以组合(Kombo)技法来纹绣更有效果。脱发的部位皮肤层比较薄也没有汗毛所以设计的时候要特别的留意以下。

## 3 색소배합 色素搭配

헤어라인은 눈썹보다 한 톤 정도 진하게 배합하는 것이 좋다. 왜냐하면 헤어라인은 얼굴보다 피지나 땀이 많이 분비되어 색소가 빠르게 퇴색되거나 빠지는 경우가 많기 때문이다. 남성의 경우에는 대부분 검정색을 사용하며, 여성들의 경우에는 컬러가 다양하므로 고객의 평소 헤어컬러를 파악하여 배합하도록 한다.

发际线的色素搭配要比眉毛的颜色深一号。因为发际线部位最容易出汗颜色脱色比较快。男性的情况下一般都使用黑色来纹绣，女性的情况下发色比较多所以纹绣的时候要考虑到发色来调色素。

#### [헤어라인 시술과정] 发际线纹绣过程

**1**

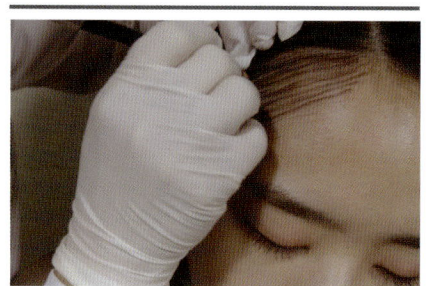

모발이 나 있는 방향으로 펜슬로 디자인을 한다.

根据头发的方向用笔来设计。

**2**

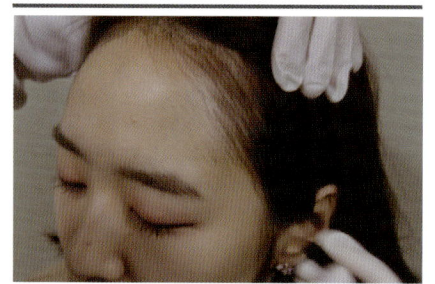

모발이 없는 부분과 연결부위까지 꼼꼼히 디자인을 한다.

没有头发的部分要细心的设计来连接。

**3**

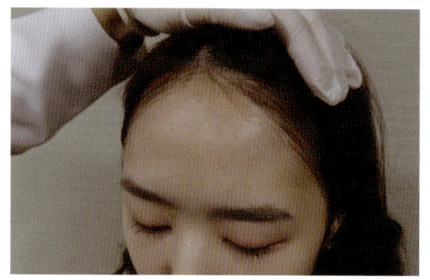

양쪽의 디자인이 자연스럽고 대칭적으로 맞는지 확인한다.

确认两边形状对齐和自然度。

4

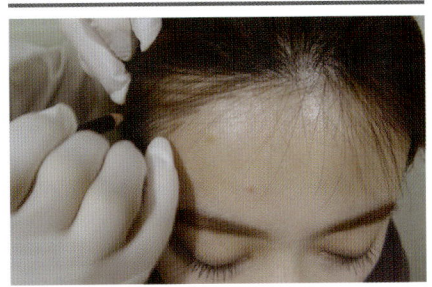

머릿속까지 잘 채워 그려 넣는다.

补画到头发里面。

5

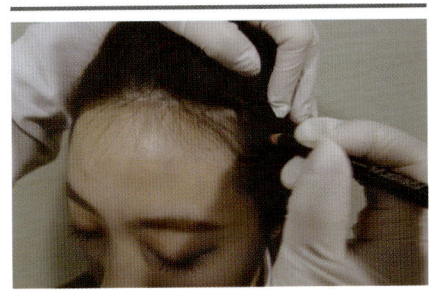

머릿속 안까지 채워 넣는다.

细心的补画到头发里面。

6

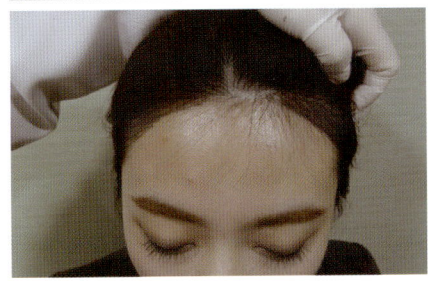

옆 라인 대칭을 살펴본다.

确认两边对错。

[헤어라인 시술 전·후 비교] 发际线纹绣效果前，后比较

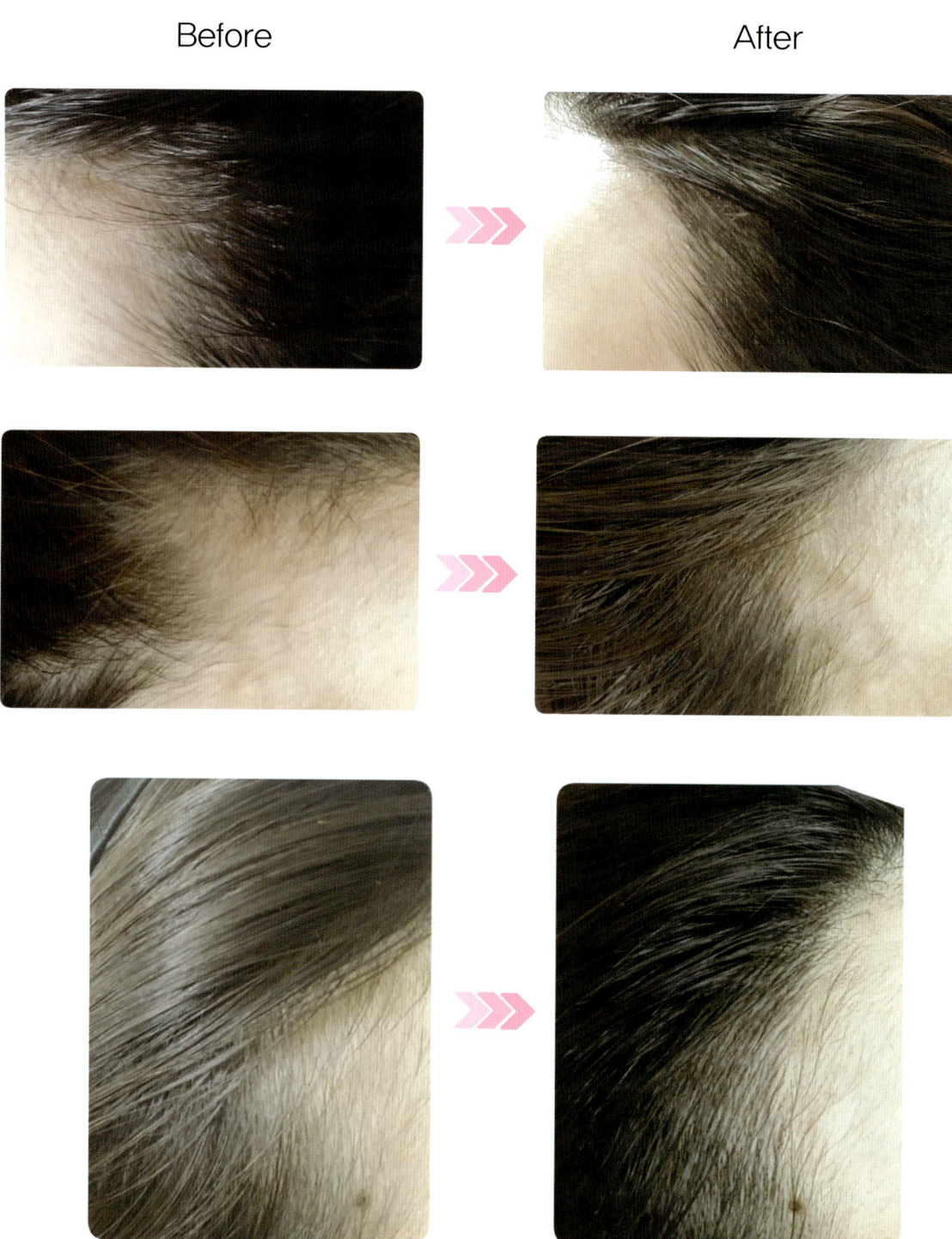

Before → After

# CHAPTER 04 | 기타 도구
其它道具

지금까지 설명한 도구 외에 기타 시술에 필요한 도구로는 마이크로 면봉, 시술 장갑, 커버랩, 통증완화제, 색소컵, 펜슬, 자, 눈썹 칼 등이 있다. 또한 유분기가 많은 고객에게 시술 전에 클렌징을 해줄 수 있는 컬러클렌징과 시술이 이루어지고 난 후에 닦아주는 컬러에센스와 같이 색소가 맑고 깨끗하게 착색되도록 도와주는 보조제품들이 다양하게 개발되어 있다.

到现在说明的道具以外纹绣时需要的道具是微型棉棒, 手术手套, 盖裹,止痛药, 色素杯, 笔, 尺, 刮眉刀等。 给油性皮肤顾客纹绣的时候要准备可以卸妆的颜色卸妆产品。 使用配套产品纹绣以后要准备颜色精华来给顾客擦, 帮助色素着色度好在次帮助色素颜色干净透亮。

[시술에 필요한 도구들] 手术所需要的工具

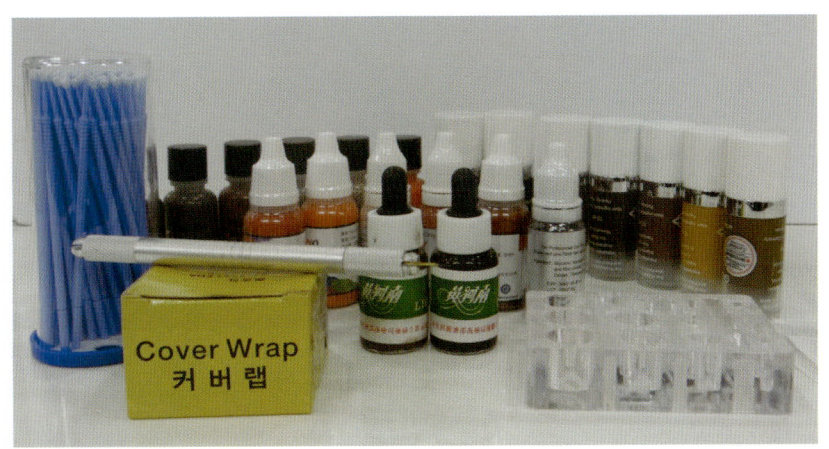

SEMI PERMANENT MAKE-UP

반영구 메이크업
디자인 앤 스킬

# PART 5

## 반영구 화장의 색소와 색소배합

---

CHAPTER 01 색의 기본요소

CHAPTER 02 반영구 색소와 부위별 색소배합

# CHAPTER 01 | 색의 기본요소
色的基本要素

빛의 3원색은 빨강, 파랑, 초록이며, 색료의 3원색은 마젠타(Magenta), 노랑(Yellow), 시안(Cyan)이다.

光的 三原色红、蓝、绿。色料的 三原色 Magenta、黄(Yellow)、蓝(Cyan)。

## 1 명도 明度

색의 밝고 어두운 정도를 명도라고 하며 물체 표면이 빛을 반사하는 양에 따라 색의 밝고 어두운 정도가 달라질 수 있다. 빛을 많이 흡수하여 반사하는 양이 적을수록 어두운 색을 띠고 빛의 흡수가 적고 반사하는 양이 많을수록 밝은 색을 띤다. 명도가 제일 높은 색은 흰색이고 제일 낮은 색은 검정색이다.

明度是指颜色的亮度和暗度。跟着物体表面反光量来判断亮度和暗度。吸收很多光反射的量越少明度就越暗，吸收少量光反射的量越多明度就越亮。明度最高的颜色是白色。明度最暗的颜色是黑色。

## 2 채도 彩度

색의 순수한 정도, 색채의 강하고 약한 정도를 나타낸다. 채도가 높을수록 선명한 색이 되며 여러 색을 섞을수록 채도가 낮아진다.

彩度指的是颜色的纯度，体现色彩的强度和弱度。彩度越高明显度越高，混合几种颜色时彩度就变底。

[명도, 채도의 밝기] 明度，彩度的亮度

| 명도 明度 | 고 高 | White [白] |
| | 중 中 | Gray [灰] |
| | 저 低 | Black [黑] |
| 채도 彩度 | 고 高 | Pink [粉] |
| | 중 中 | |
| | 저 低 | Brown [棕] |

[색의 3원색] 色的三原色

반영구 메이크업 디자인 앤 스킬

## 3 가법혼색 加法混色

혼합한 색이 원래의 색보다 명도가 높아지는 색광의 혼합이다. 단색광을 백색 프리즘에 통과시켜 같은 곳에 비추어 색을 혼합하는 것을 가법혼색이라 하며, 다시 빛의 삼원색인 빨강, 초록, 파랑을 동시에 겹쳐 비추면 백색광이 된다.

빨강, 초록, 파랑을 빛의 3원색이라 하며, 삼원색을 혼합하여 가법혼색의 3원색을 만들어 낼 수 있다.

混合的色比原来的色明度高就是色光的混合法。把单光色通过在白色棱镜然后照在一个地方混合叫加法混色，重新把三原色红、绿、蓝同时和起来照出来会成为白色光。

红、绿、蓝是光的三原色，混合三原色也可以制造加法混色三原色。

> **TIP**
>
> 녹색 (Green) + 빨강 (Red) = 노랑 (Yellow)
> 파랑 (Blue) + 빨강 (Red) = 마젠타 (Magenta)
> 녹색 (Green) + 파랑 (Blue) = 시안 (Cyan)
> 녹색 (Green) + 빨강 (Red) + 파랑 (Blue) = 흰색 (White)
>
> 绿 (Green) + 红 (Red) = 黄 (Yellow)
> 蓝 (Blue) + 红 (Red) = 品红 (Magenta)
> 绿 (Green) + 蓝 (Blue) = 青 (Cyan)
> 绿 (Green) + 红 (Red) + 蓝 (Blue) = 白 (White)

## 4 감법혼색 减法混色

혼합한 색이 원래의 색보다 어두워 보이는 색광의 혼합이다. 물감이나 색유리, 색 셀로판을 겹쳤을 때의 색은 원래의 색보다 어둡게 보이는데 이와 같이 색과 색이 혼합되었을 때 채도가 떨어지는 것을 감법혼색이라 한다.

마젠타, 옐로우, 시안을 감법혼색의 3원색이라 하며, 이 세 가지 원색을 혼합하면 상당히 순수색상에 가까운 색들을 만들 수 있다. 또한 이들 색료의 3원색을 모두 혼합하면 검정이나 검정에 가까운 회색이 된다.

混合的色比原来的颜色明度底就是减法混色。染色水或有色玻璃，颜色彩板叠起来的色看起来比原来的色暗一些，就这样颜色跟颜色混合的时候彩度下降就叫减法混色。
品红、黄、青 是减法混色的三原色。这三个颜色互相混合时会制造接近纯色的颜色。还有把减法混色的三原色都混合时会成为黑色或接近黑色等颜色。

> **TIP**
>
> 마젠타 (Magenta) + 노랑 (Yellow) = 빨강 (Red)
> 노랑 (Yellow) + 시안 (Cyan) = 녹색 (Green)
> 시안 (Cyan) + 마젠타 (Magenta) = 파랑 (Blue)
> 마젠타 (Magenta) + 노랑 (Yellow) + 시안 (Cyan) = 검정 (Black)
>
> 品红 (Magenta) + 黄 (Yellow) = 红 (Red)
> 黄 (Yellow) + 青 (Cyan) = 绿 (Green)
> 青 (Cyan) + 品红 (Magenta) = 蓝 (Blue)
> 品红 (Magenta) + 黄 (Yellow) + 青 (Cyan) = 黑 (Black)

## [가법혼색과 감법혼색] 加法混色和减法混色

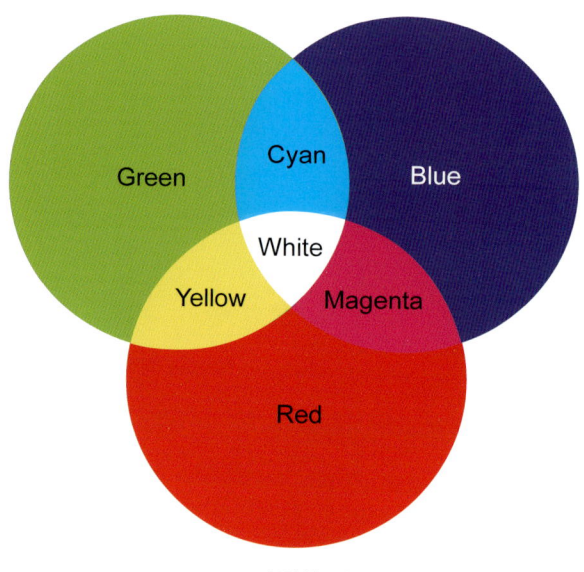

가법혼색

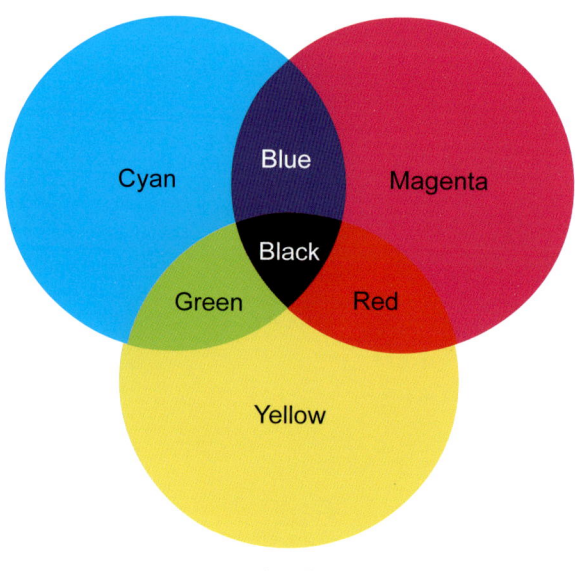

감법혼색

[감법혼색] 減法混色

# CHAPTER 02 반영구 색소와 부위별 색소배합
半永久色素和局部的色素搭配

## 1 반영구 색소의 특징   半永久色素的特征

반영구 색소는 '수용성 색소'와 '유용성 색소'로 구분되며, 원료는 Iron oxide(색소)이다. 수용성 색소는 휘발성이 강하고 번짐이 없으며 착색률이 좋다. 또한 수용성이기 때문에 잘 스며든다. 반면 유용성 색소는 글리세린이 함유되어 있으며, 차가운 온도에 두면 잘 섞이지 않으므로 잘 흔들어 사용해야 한다.

브랜드별로 수용성, 유용성 성분의 복합성 색소를 사용하는 경우도 많으며, 색소를 고를 때는 천연원료를 사용했는지를 반드시 확인해봐야 한다.

半用就色素分为"容性色素"和"有用性色素",原料是 Iron oxide(色素)。容性色素的挥发性较快,不是染而且主色度非常好,而且是容性所以渗入度也很好。反面有用性色素含有甘油,在凉的温度下混合的时候要反复混合来使用。

容性、有用性成分很和成分的色素分很多牌子,使用之前有必要确认是否用天然原料制作的。

## 2 색소선택과 배합 시 주의할 점  选色素和搭配时注意点

☆ 색소의 유효기간과 성분을 확인한다.
☆ 색소는 어두운 곳에 보관해야 한다.
☆ 시술 전 반드시 컬러 테스트를 한 후에 선택한다.
☆ 물과 기름이 혼합되어 있고 색소의 혼합이 잘 되는 제품을 사용한다.
☆ 주변이 밝은 곳에서 배합해야 정확한 색의 배합이 가능하다.
☆ 날씨가 더우면 체온이 상승하므로 차가운 색으로 배합하는 것이 좋다.
☆ 날씨가 추우면 따뜻한 색으로 배합하는 것이 좋다.
☆ 색소는 시술 3~5분 전에 배합해야 산화되어 변색되는 것을 방지할 수 있다.
☆ 색소의 배합은 2가지 이상의 색을 혼합하므로 잘 섞어서 사용해야 한다.

☆ 确认色素有效期和成分。
☆ 色素保管在黑暗的地方。
☆ 手术前必须测试颜色后选择。
☆ 搭配水和油, 使用搭配好色素的产品。
☆ 搭配在有光的地方才能准确搭配好色素。
☆ 天气热时体温上升因此搭配要搭配寒色的好。
☆ 天气冷的时搭配暖色的好。
☆ 手术3-5分前搭配色素才能防止变色。
☆ 色素是搭配2种色因此好好的混合。

## 3 눈썹의 색소배합 眉毛的色素搭配

눈썹시술에 사용되는 색소는 검정계열과 브라운계열이 많이 사용되고 있으며, 단독으로 한 가지 컬러만 사용하기보다는 2~3가지 색을 배합해서 사용하는 것이 일반적이다. 기본색으로는 검정, 다크브라운, 브라운, 라이트브라운을 주로 사용하며, 보조색으로는 카키브라운, 토프 등을 사용한다.

纹绣眉毛时使用的色素一般是黑色系和褐色系, 一般用2~3个颜色混合搭配使用。 基本使用黑色, 深褐色, 褐色, 亮褐色, 补助色用卡其褐色, 黄褐色。

> **TIP**
>
> **눈썹색소를 선택할 때 고려할 점**
> ① 고객의 헤어 컬러와 어울리는 색으로 선택한다.
> ② 고객의 피부색을 고려한다.
> ③ 고객의 눈동자 색을 고려한다.
> ④ 색소는 기온에 영향을 받으므로 시술 3~5분 전에 배합하는 것이 좋다.
> ⑤ 브랜드별로 색소의 컬러가 다르므로 특성을 잘 인지하여 사용하도록 한다.
> ⑥ 고객이 원하는 컬러보다 한 톤 정도 진한 컬러로 시술해야 색소가 빠지면서 자연스러운 컬러가 된다는 것을 고객에게 인지시킨다.
> ⑦ 1차 시술로 한 번에 끝내기보다는 2차, 3차 시술 즉 리터치를 하는 것이 색의 착색률을 높일 수 있다.
> ⑧ 고객에게 반드시 컬러를 확인한 후 시술한다.
>
> **眉毛色素选择的时候注意点**
> ① 给顾客选般配的染头发。
> ② 考虑顾客的皮肤颜色。
> ③ 考虑顾客眼睛的色。
> ④ 气候影响色素的变化所以要进行纹绣前 3~5 分钟开始搭配色素较好。
> ⑤ 根据每个牌子的色素颜色不一样, 要判断好颜色的特点在选择使用。
> ⑥ 选颜色时要比顾客要求的颜色深一号, 然后给顾客说明一下用深一号纹绣后颜色慢慢脱色时比较更自然的原理。
> ⑦ 纹绣眉毛后进行第 2 次或第 3 次进行补修效果会提高着色率。
> ⑧ 纹绣前必须给顾客确认以后在进行手术。

## [색소의 종류] 色素的种类

### EYELINE / HAIRLINE

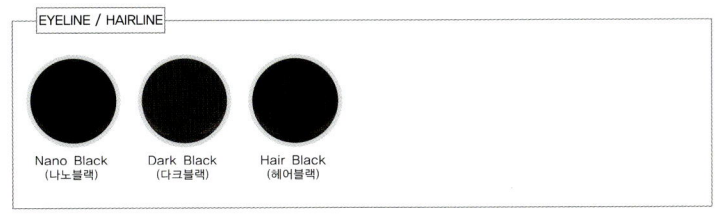

### EYEBROWS

### LIPS

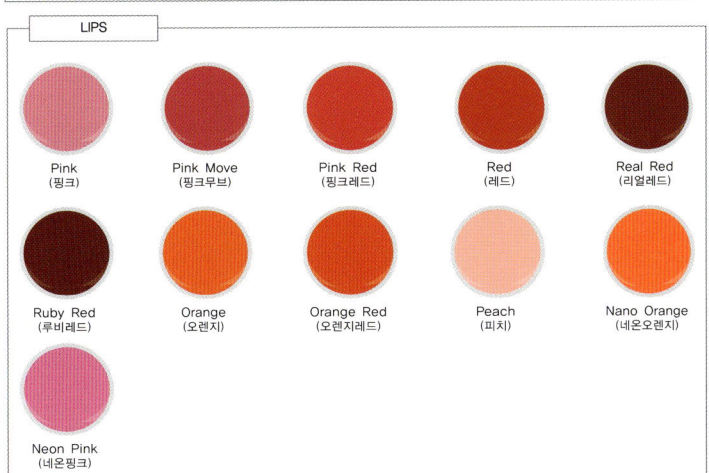

### CORRECTION

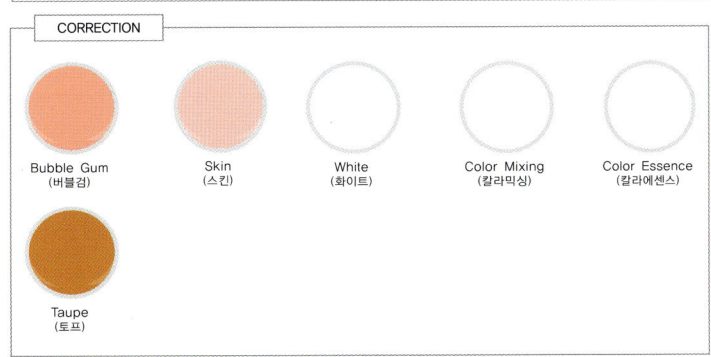

※ 색소출처 - 나노컬러색소
色素出版 - 纳米颜色颜料

[눈썹의 색소배합] 眉毛的色素搭配

두 번째 사진에서 앞부분은 시술이 이루어졌을 당시의 색으로 볼 수 있고, 뒷부분은 차츰 시간이 지난 후에 색이 빠지면서 나타나는 색으로 볼 수 있다. 따라서 색소를 배합한 후에는 반드시 손등이나 팔에 색을 테스트해서 고객에게 색의 변화를 인지시키는 과정을 거쳐야 한다.

图2前半部分是当时纹绣后的颜色, 后半部分是渐渐脱色的颜色。 跟着搭配色素以后必须先测试在手上或胳膊上以后给顾客说明一下颜色的变化。

**눈썹색소의 종류** 眉毛色素的种类

| 기본색<br>基本色 | 블랙<br>黑色<br>(Black) | 다크브라운<br>深棕色<br>(Dark brown) | 브라운<br>棕色<br>(Brown) | 라이트브라운<br>亮棕色<br>(Light brown) | |
|---|---|---|---|---|---|
| 중화, 보조색<br>综合补助色 | 노랑, 토프<br>黃棕色<br>(Taupe) | 카키브라운<br>卡其棕色<br>(Khaki brown) | 베이지<br>米色<br>(Beige) | 흰색<br>白色<br>(White) | 오렌지<br>橙色<br>(Orange) |

처음 시술을 하는 고객에게는 너무 진하지 않게 색을 배합하고 2차, 3차 시술을 거칠수록 색이 자연스럽고 예뻐질 수 있다는 것을 인지시키도록 한다.
보조색의 경우 1차 시술 때는 혼합률이 20%를 넘지 않으며, 2차, 3차 시술 때는 푸른끼와 붉은끼의 정도에 따라 10~20% 정도를 혼합한다. 이때 토프와 그린색을 주로 사용하며, 베이지는 잘못된 시술부위에 사용하도록 한다. 그리고 흰색은 명도를 조절할 때 조금씩 사용하고 단독으로는 사용하지 않는다. 또한 오렌지는 심한 푸른끼의 눈썹을 교정할 때 사용한다.

要给顾客说明第1次纹绣时使用不深的颜色, 因为第2或第3次后会更自然漂亮。
补助色情况下进行第1次纹绣时混合率不要超过20%, 第2或第3次纹绣时根据蓝红程度混合10~20%。 这时主要使用黃棕色和绿色, 肉色用于修改时后。白色用于调整明度的时候, 不能单独使用。橙色用于修改发蓝的眉毛。

눈썹색소 배합의 예  眉毛色素搭配 例

◆ **검정색 or 옅은 회색**
   黑色 or 浅灰色

진한 검정보다 옅은 회색을 원하는 경우는 흰색이나 토프색을 넣어 혼합하면 푸른색으로 변색하는 것을 방지할 수 있다. 색의 배합 비율은 다음과 같다.

顾客要浅灰色的情况下搭配白色或黄棕色会防止颜色变蓝。颜色比率如下。

A. 다크브라운 + 블랙 + 흰색 = 60 : 20 : 20
A. 深棕色 + 黑色 + 白色 = 60 : 20 : 20

B. 다크브라운 + 블랙 + 토프 = 10 : 80 : 10
B. 深棕色 + 黑色 + 黄褐色 = 10 : 80 : 10

C. 초콜릿브라운 + 블랙 + 흰색 = 60 : 20 : 20
C. 巧克力棕色 + 黑色 + 白色 = 60 : 20 : 20

◆ **진한 갈색**
  深棕色

다크브라운과 브라운 색소를 중심으로 청색과 그린을 혼합하여 시술한다. 색의 배합 비율은 다음과 같다.

以深棕色为中心搭配蓝色和绿色来纹绣。颜色搭配如下。

A. 다크브라운

A. 深棕色

B. 브라운 + 청색 또는 잿빛 = 90 : 10

B. 棕色 + 青色或者灰色 = 90 : 10

C. 브라운 + 그린 = 90 : 10

C. 棕色 + 绿色 = 90 : 10

◆ **자연스런 갈색**
自然棕色

브라운 색을 중심으로 청색과 그린을 혼합하며, 배합 비율은 다음과 같다.

以棕色为中心搭配蓝色和绿色。混合率如下。

A. 브라운

A. 棕色

B. 브라운 + 청색 = 90 : 10

B. 棕色 + 青色 = 90 : 10

C. 브라운 + 그린 = 90 : 10

C. 棕色 + 绿色 = 90 : 10

**눈썹의 컬러 체인지(Color change) 기법**  眉毛颜色变化 技法

컬러 체인지 기법은 기존에 반영구 시술을 받았던 고객이 컬러를 체인지하고 싶거나, 푸른끼가 많고 붉은끼가 남아있는 경우에 수정을 위해 사용하는 기법이다. 컬러 체인지는 처음 시술하는 피부보다 더욱 어려운 시술이다.

颜色变化技法用于顾客纹绣之后想改颜色时, 或者修正于发蓝或发红的眉毛。颜色变化纹绣比第一次纹绣比较难。

◆ **진한 블랙의 눈썹을 갈색으로 Color change**

深黑色眉毛变化成棕色眉毛

블랙톤을 중화시키기 위해서는 다크브라운과 브라운을 중심으로 레드와 핑크 그린을 혼합한다. 혼합률은 다음과 같다.

要减少黑色眉毛时, 以深棕色和棕色为中心要搭配混合红, 粉, 绿色。混合率如下。

[청색블랙]

蓝黑色

A. 다크브라운
A. 深棕色

B. 초콜릿브라운
B. 巧克力棕色

C. 브라운 + 레드 or 노랑 or 그린 선택 = 90 : 10
C. 棕色 + 红色/黄/绿 选择 = 90 : 10

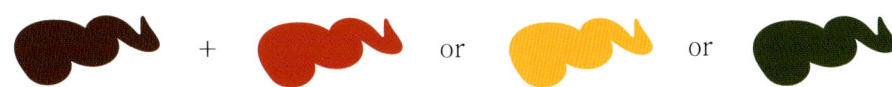

[회색블랙]

灰黑色

A. 초콜릿브라운
A. 巧克力棕色

B. 브라운 + 레드 or 핑크(10% ~ 20%) = 90 : 10
B. 棕色 + 红色/粉色(10% ~ 20%) = 90 : 10

C. 브라운 + 그린 = 90 : 10
C. 棕色 + 绿色 = 90 : 10

◆ 푸른색 눈썹을 브라운으로
Color change

蓝色眉毛变化成棕色

푸른색 눈썹을 브라운으로 바꿀 때는 브라운과 다크브라운을 중심으로 토프 또는 레드를 혼합한다. 혼합률은 다음과 같다.

把蓝色眉毛变成棕色眉毛时，以棕色和深棕色为中心搭配混合黄棕色或红色。混合率如下。

A. 브라운(80%) + 토프(20%) or 레드(20%)를 혼합(피부톤에 따라)
A. 棕色(80%) + 黄棕色(20%) or 红色(20%)混合纹绣(根据皮肤)

B. 초콜릿브라운
B. 巧克力棕色

반영구 메이크업 디자인 앤 스킬

C. 다크브라운(80%) + 토프(20%) or 레드(20%)

C. 深棕色(80%) + 黃褐色(20%) or 红色(20%)

☆ **붉은색 눈썹을 브라운 색으로**
Color change

红色眉毛变化成棕色眉毛

붉은색을 중화시키기 위해서는 다크브라운을 중심으로 청색과 그린색을 혼합한다. 혼합률은 다음과 같다.

减少红色眉毛时，以深棕色为中心搭配混合绿色。混合率如下。

A. 다크브라운(90%) + 청색(10%)

A. 深棕色(90%) + 蓝色(10%)

B. 다크브라운(80%) + 그린(20%)

B. 深棕色(80%) + 绿色(20%)

C. 브라운(90%) + 청색 (10%) or 그린(10%) = 90 : 10

C. 棕色(90%) + 蓝色(10%) or 绿色(10%) = 90 : 10

02 반영구 색소와 부위별 색소배합   111

| 반영구 메이크업 디자인 앤 스킬

## 4 아이라인 색소배합   色素搭配

아이라인 시술을 위한 색소는 주로 검정색을 사용하지만 진한 갈색을 원하는 고객도 있다. 따라서 고객의 선호에 맞게 결정한다. 검정색으로만 시술할 경우에는 푸른끼가 나타날 수 있으므로 토프나 오렌지계열의 보조색을 섞어서 시술하기도 한다.

纹绣眼线时 主要使用黑色，但有些顾客喜欢深棕色。满足顾客要求来选择颜色。用黑色纹绣眼线时颜色搭配要加黄棕色和橙色系，这样防止黑色变蓝色。

---

**TIP**

**아이라인 색소를 선택할 때 고려할 점**
① 고객이 원하는 색을 반영한다.
② 고객의 피부색을 고려한다.
③ 고객의 눈동자 색을 고려한다.
④ 날씨 기온에 영향을 받으므로 시술 3~5분 전에 색소를 배합한다.

**选择眼线颜色是考虑点**
① 纹绣出顾客要求的颜色。
② 考虑顾客的肤色。
③ 搭配颜色时考虑顾客的瞳孔色。
④ 手术 3-5 分前搭配色素才能防止变色。

**아이라인 색소의 종류** 眼线色素种类

| 기본색<br>基本色 | 블랙<br>黑色<br>(Black) | 다크브라운<br>深棕色<br>(Dark brown) | 블랙 파우더<br>黑色粉<br>(Black Powder) |
|---|---|---|---|
| 중화, 보조색<br>综合补助色 | 레드<br>红色<br>(Red) | 버블검<br>肉分色<br>(Bubble gum) | |

반영구 메이크업 디자인 앤 스킬

### 아이라인 색소배합의 예    眼线色素搭配 例

◆ **진한 검정색**
    深黑色

가장 일반적으로 아이라인 시술에 사용되는 색소배합이다. 검정색에 청색, 레드, 노랑을 혼합하며, 버블검을 혼합하면 푸른끼를 잡아주기도 한다.

眼线一般都用黑色色素。在黑色色素上搭配蓝色、红色、黄色或肉分色会防止颜色发蓝。

A. 검정 + 청색 = 90 : 10
A. 黑色 + 蓝色 = 90 : 10

B. 검정 + 레드 = 90 : 10
B. 黑色 + 红色 = 90 : 10

C. 검정 + 노랑 = 90 : 10
C. 黑色 + 黄色 = 90 : 10

D. 검정 + 버블검 = 90 : 10
D. 黑色 + 肉分色 = 90 : 10

◆ 진한 갈색
深棕色

진한 갈색으로는 아이라인 시술을 권하지는 않는데 색이 빠지는 과정에서 탁해질 수 있기 때문이다. 반드시 진한 갈색으로 해야 한다면 혼합률은 다음과 같다.

一般不推荐用深棕色色素纹绣眼线。因为脱色后变的不自然。 要用深棕色纹绣时混合率如下。

A. 다크브라운 + 브라운 파우더 = 90 : 10
A. 深棕色 + 棕色粉 = 90 : 10

B. 초콜릿브라운 + 다크브라운 = 80 : 20
B. 巧克力棕色 + 深棕色 = 80 : 20

C. 골드브라운 + 초콜릿브라운 = 80 : 20
C. 金棕色 + 巧克力棕色 = 80 : 20

◆ **푸른색으로 변색된
아이라인을 블랙으로**
Color change

变成蓝色眼线变化
成黑色眼线

이미 시술했던 아이라인 부위가 푸른색으로 변색된 고객을 주변에서 많이 볼 수 있는데 이런 경우에 사용하는 혼합색소는 다음과 같다.

会经常看到很多顾客眼线纹绣后的变成蓝色. 这种情况下色素搭配如下.

A. 검정 + 레드 = 90 : 10

A. 黑色 + 红色 = 90 : 10

B. 검정 + 노랑 = 90 : 10

B. 黑色 + 黄色 = 90 : 10

C. 검정 + 청색 = 90 : 10

C. 黑色 + 蓝色 = 90 : 10

## 5 입술의 색소배합 嘴唇色素搭配

입술은 레드, 핑크, 오렌지를 기본색으로 두 가지 이상 섞어서 색소 배합이 이루어진다. 눈썹이나 아이라인의 색소침착보다 시술이 비교적 쉽지 않기 때문에 일반적으로 1차 시술을 할 때에도 3~5회 정도를 시술해야 한다. 또한 1차 시술 시에 50% 이상 착색이 어렵다.

嘴唇用红色，粉色，橙色等基本色混合两个颜色以上成为色素搭配。唇部着色度比眉毛和眼部底所以纹绣起来不容易。一般纹绣第一次时反复纹3~5回。还有第一次纹绣时50%以上难以着色。

 **입술색소의 종류** 唇部色素种类

| 기본색<br>基本色 | 레드<br>红<br>(Red) | 핑크<br>粉<br>(Pink) | 오렌지<br>橙<br>(Orange) |
|---|---|---|---|
| 중화, 보조색<br>综合补助色 | 버블검<br>肉分<br>(Bubble gum) | 노랑<br>黄<br>(Yellow) | |

#### 반영구 메이크업 디자인 앤 스킬

 **연령별 색소선택**

◆ **20~30대의 색소 선택**
20~30年 龄段色素选择

20~30대 고객들은 핑크계열의 색을 일반적으로 선호한다. 최근에는 핑크계열의 색소 또한 핫핑크, 무브핑크 등 매우 다양하기 때문에 2~3가지를 혼합하기도 한다.

20~30年龄断的顾客一般推荐粉色系的颜色。 最近粉色色素有很多种比如亮粉色. 淡粉色等所以可以混合2~3个颜色来使用。

◆ **40~50대의 색소 선택**
40~50年 龄段色素选择

40~50대 고객들은 일반적으로 레드와 오렌지계열을 선택해서 시술하는 것이 좋다. 최근에는 레드뿐만 아니라 리얼레드, 루비레드, 핑크레드, 오렌지레드, 피치 등 다양한 색소가 많으므로 2~3가지를 혼합하기도 한다.

40~50年龄段顾客一般用红色和橙色系颜色会更好。 最近不仅有红色色素还有大红色. 砖红色. 橙红色. 桃色等多种色素所以混合2~3种来使用。

**색소배합의 예**  色素搭配 例

◆ **얇고 검은 입술을 밝은 톤으로 시술할 때**
把颜色暗而且薄一点的嘴唇纹绣亮一点时

검은끼를 중화시켜야 하므로 노랑색으로 시술하고 2차는 오렌지, 3차는 레드오렌지로 시술한다. 오렌지, 마젠타 색으로 원톤으로도 시술할 수 있다.

要减少暗色时先用黄色纹绣，第2次用橙色，第3次用橙红色来进行纹绣。可以只用一个颜色来纹绣(橙色，品红色)。

A. 1차 노랑색 → 2차 오렌지 → 3차 레드오렌지 시술
A. 1 黄色 → 2 橙色 → 3 橙红色纹绣

 →

B. 오렌지
B. 橙色

C. 핑크(마젠타)
C. 品红色

## 반영구 메이크업 디자인 앤 스킬

◆ **조금 어두운 톤의 입술을 시술할 때**
　手术发暗厚
　一点的嘴唇时

A. 레드 + 초콜릿브라운 = 90 : 10
A. 红色 + 巧克力棕色 = 90 : 10

B. 와인레드
B. 酒红色

◆ **밝은 톤의 입술을 시술할 때**
　顾客要求亮唇色时

A. 핑크, 핫핑크, 마젠타, 리얼핑크 단독으로 시술
A. 粉色, 亮粉色, 品红色, 真粉色 进行单独纹绣。

B. 핑크 + 흰색 or 노랑 = 90 : 10
B. 粉色 + 白色 or 黄色 = 90 : 10

 + or

[입술의 색소배합]

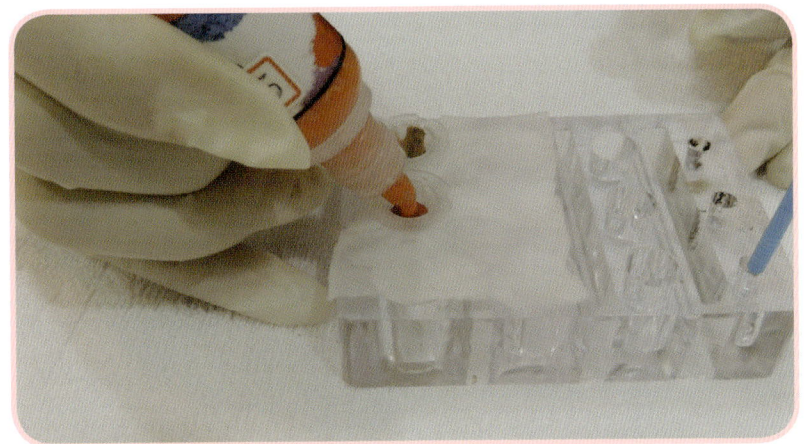

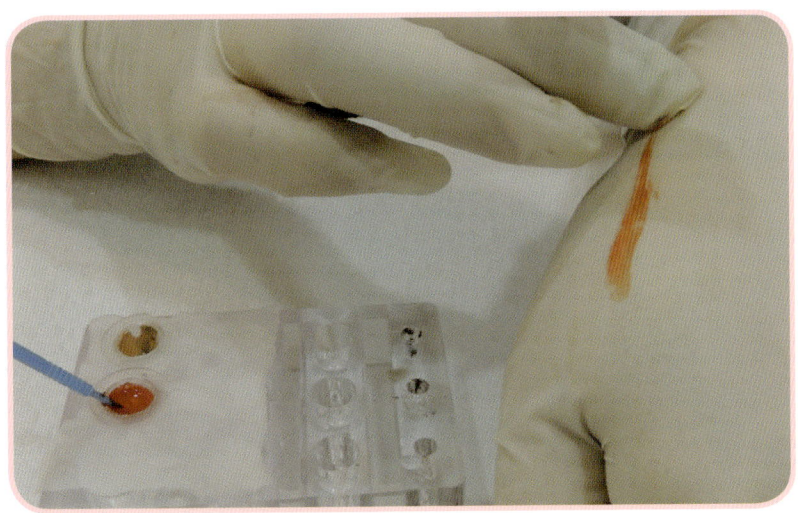

SEMI PERMANENT MAKE-UP

반영구 메이크업
디자인 앤 스킬

# PART 6

## 반영구 화장의 실제

CHAPTER 01 시술 전 고객상담 및 고객카드 작성
CHAPTER 02 반영구 화장의 실제

# CHAPTER 01 | 시술 전 고객상담 및 고객카드 작성

手术前顾客顾问并创建顾客管理卡

시술 전에는 고객상담을 통해 시술부위와 특이사항을 정확하게 확인받아 고객카드를 작성해야 한다. 특히 특이사항을 제대로 확인해야 하는데 '임신을 한 경우', 정해진 시술날짜에 '생리 중인 경우'에는 시술이 불가능하기 때문이다. 또한 색소와 침, 자극에 대한 알레르기가 발생할 수 있으므로 이 역시 꼼꼼히 체크해봐야 한다. 현재 병인으로 인해 약물을 복용 중인 사람은 부작용이 있을 수 있으므로 시술을 피하는 것이 좋다. 그리고 심장병, 당뇨병, 고혈압 등의 병을 가지고 있는 고객도 시술을 피해야 한다.

手术前通过顾客咨询后要确认好手术部位和特殊情况后并准确的创建顾客管理卡。
特别要确认好是否怀孕或者生理期间的时候，因为这两个情况绝对不能进行手术。然后色素和微针刺激到皮肤会过敏所以在次确认顾客是否敏感肌肤。还有现在因为病因服用药物期间的时候会引起副作用所以要避免进行手术。有心脏病，糖尿病，高血压等病状的顾客要避免进行手术。

## 1 아이라인 시술  眼线手术

눈에 염증이 있는 사람, 쌍꺼풀 수술, 라식 수술을 받은 지 얼마 지나지 않은 사람, 수술을 앞 둔 사람은 시술이 불가능하다.

眼睛有炎症的顾客, 或刚做双眼皮手术和视力矫正手术后的顾客不能进行眼线手术。

## 2 입술 시술  嘴唇手术

너무 건조한 입술이나 각질이 잘 벗겨지는 입술은 상대적으로 색소 침착이 덜 되는 경향이 있으므로 입술의 상태를 잘 살펴보고 촉촉한 상태를 만들어 시술하는 것이 좋다.

唇部很干燥或者经常起皮时色彩着色度很差。所以手术前先观察以后管理成保湿状态在进行和手术比较更好。

> **TIP**
>
> ### 시술이 불가능한 경우
> - 임신 중이거나 월경 중인 경우
> - 색소와 침, 자극에 대한 강한 알레르기 반응이 있는 경우
> - 심장병, 당뇨병, 고혈압 등의 병을 가지고 있는 경우
> - 쌍꺼풀 수술이나 라식 수술을 받았거나 받을 예정이 있는 경우
>
> ### 不能进行手术的情况
> - 怀孕或者生理期间的顾客
> - 色素和微针刺激到皮肤会过敏的敏感肌肤顾客
> - 心脏病, 糖尿病, 高血压等病状的顾客
> - 刚做双眼皮手术和视力矫正手术或者即将做的顾客

> **TIP**
>
> ### 반드시 확인해야 하는 특이사항
>
> - 복용 중인 약물
> - 지난 1년 간의 수술 경험 또는 향후 수술 예정 계획
> - 눈 떨림이 심하거나 눈물을 많이 흘리는 사람은 아이라인 시술이 다소 어렵다.
> - 술을 1주일에 3회 이상 마시는 사람은 시술 후 반드시 3일 이상 금주할 것을 권고해야 한다.
> - 렌즈착용여부를 확인하고, 시술 당일이나 다음날은 렌즈를 착용하지 않는 것이 좋다.
> - 아이라인 시술의 경우 속눈썹 연장술 여부를 확인하여 연장술을 한 경우 속눈썹을 제거 후에 시술이 가능하다.
> - 입술을 시술하는 고객은 수포가 잘 생기는지를 확인하며, 잘 생기는 사람은 시술 전 수포 방지 약을 복용 후 시술받는 것이 안전하다.
>
> ### 必须要确认的特殊情况
>
> - 正在服用中的药物。
> - 在一年之间有手术经历者或即将手术的情况。
> - 有严重的眼球颤抖或眼泪比较多的顾客纹绣眼线比较难。
> - 一天喝3次以上酒的顾客，必须劝告手术后3天以上不能和酒。
> - 要确认是否带隐形眼镜，手术当天或手术第2天最好不要带隐形眼镜。
> - 眼线手术时要确认是否做了嫁接睫毛，清除嫁接睫毛后才可能进行手术。
> - 手术唇部的顾客要确认是否愿意起水泡，经常起水泡的顾客要先服用防止水泡的药物在进行手术比较更安全。

## 고객관리카드 顾客管理卡

| | |
|---|---|
| 성명/생년월일 [姓名/生年月日] | |
| 주 소 [地址] | |
| 연락처 [联系方式] | |
| | 일 [日] |
| 특이사항 [特殊情况]<br>– 임신여부 [是否怀孕]<br>– 생리여부 [生理期]<br>– 알레르기 유무 [有无过敏]<br>– 현재복용중인 약 등 [正在服用中的药物] | |
| 시술 횟수 [手术次数] | 1차　2차　3차 [1次　　2次　　3次] |

날짜 : 20　　년　　월　　일
성 명 :　　　　　　(서명)

日 期 : 20　　年　　月　　日
姓 名 :　　　　　　(签名)

# CHAPTER 02 반영구 화장의 실제
实际半永久化妆

[시술 준비대] 手术准备台

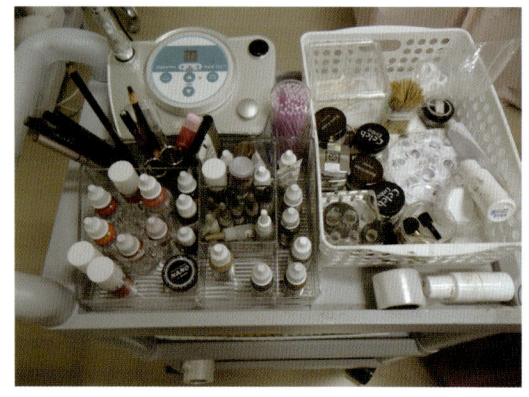

시술에 들어가기 전에 고객상담을 통해 피부컬러와 타입을 확인하고 고객이 원하는 디자인을 상의한 후에 시술 전 사진을 찍는다. 그리고 1차 통증 완화제를 도포한 후 30분 정도 경과하면 디자인을 하고 시술에 들어간다.

进行手术前通过顾客咨询确认皮肤颜色和肤质。设计顾客需要的形状后手术前拍摄照片。然后涂抹第一次止痛药30分钟以后设计。然后进行手术。

# 1 눈썹 시술의 실제 实际眉毛手术

## 디지털 머신 시술 数码机器手术

**1**

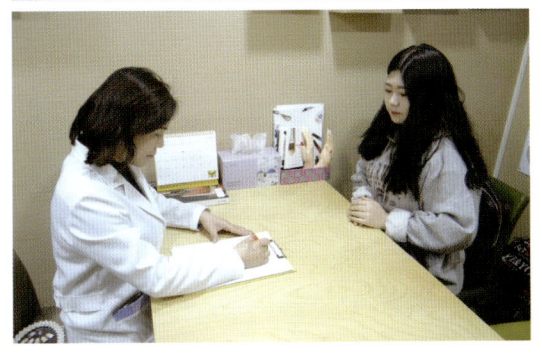

고객차트 내용을 토대로 꼼꼼히 상담한다(디자인, 시술 후 주의할 점, 비용 등).

按照顾客管理卡的内容跟顾客说明。(设计, 手术时注意点, 手术费等)

**2**

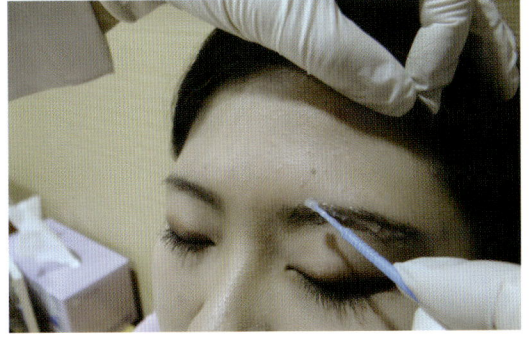

1차 통증완화제를 시술 부위에 고르게 도포한다.

第一次均匀的涂抹止痛药。

**3**

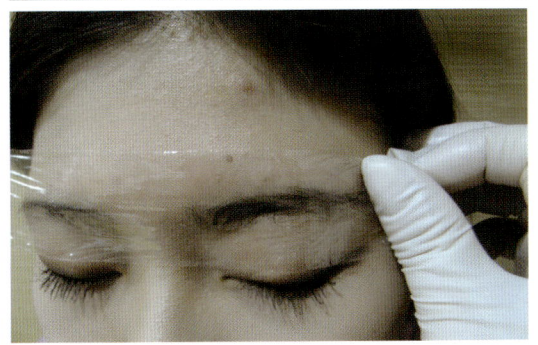

통증완화제를 도포한 부위에 약 30분 정도 랩을 씌워 놓는다.

涂抹以后套上透明塑料纸约30分钟左右。

**4**

색소배합 - 1차 통증완화제를 바르고 20분쯤 경과했을 때 색소배합을 한다.

色素搭配 - 在涂抹止痛药之后约20分钟左右开始搭配色素。

**5**

색소테스트 – 색소의 색상은 반드시 고객과 상의한 후에 결정되어야 한다.

色素测试 – 色素颜色必须跟顾客商量以后在决定。

**6**

30분 경과 후 시술디자인을 한 후 1차 시술을 시작한다.

30分钟过后设计形状进行第1次手术。

**7**

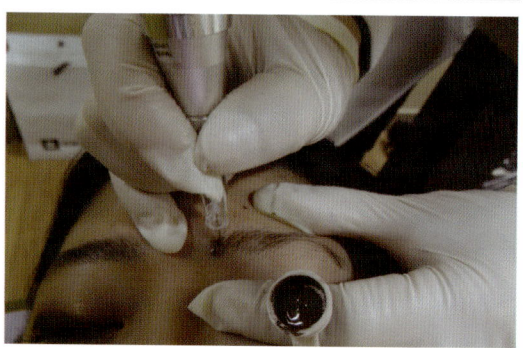

1차 시술에서는 디자인을 바깥부분과 안쪽의 선을 잘 살려 시술한다.

第1次手术时纹绣好设计形状的外边边界和里边线。

**8**

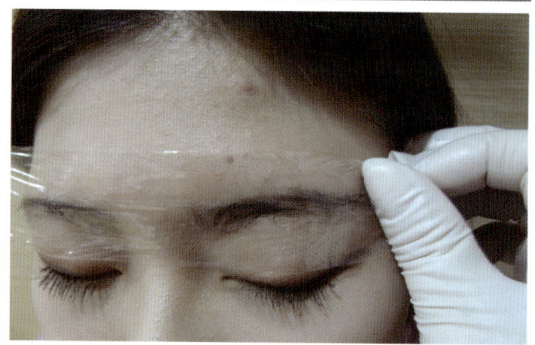

1차 시술을 하고 고객이 통증을 느끼면 2차 통증완화제를 도포한 후 2~3분 방치한다.

第1次手术后顾客会感到疼痛时涂抹第2次止痛药盖上透明塑料纸约2~3分钟。

| 9 | 10 |
|---|---|
| 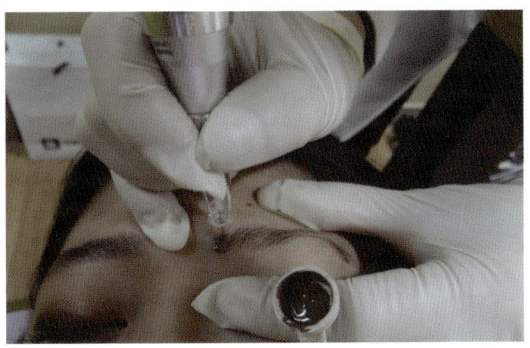 | 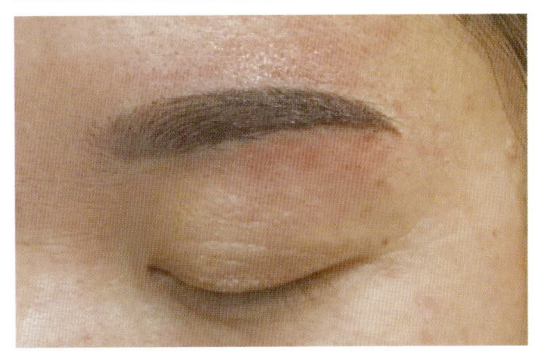 |
| 2차 시술 - 1차 시술에서 부족한 부분을 2차 시술에서 꼼꼼히 시술하도록 한다. | 시술 직후 - 마지막으로 고객이 시술 디자인을 확인한 후에 시술을 마무리한다. |
| 第2次手术 - 第1次手术时有不完美的地方, 在第2次手术时进行弥补。 | 手术后 - 最后给顾客确认效果以后结束手术。 |

[시술 전·후 사진] 手术前, 后照片

Before        After

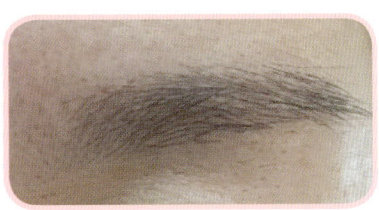 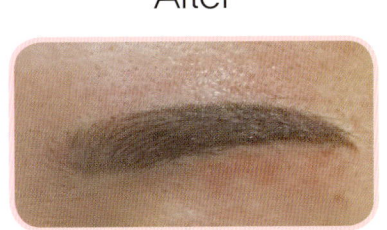

**엠보기기 시술**  Embo 机器手术

**1**

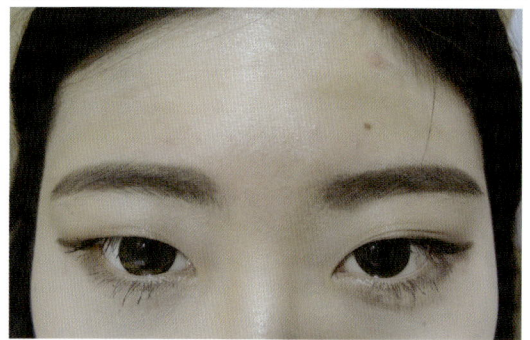

디자인 완성을 한다.

完成设计。

**2**

통증완화제 도포 – 디자인이 완성되면 1차 통증완화제를 도포한다.

涂上止痛药 – 完成设计后涂抹（第1次）止痛药。

**3**

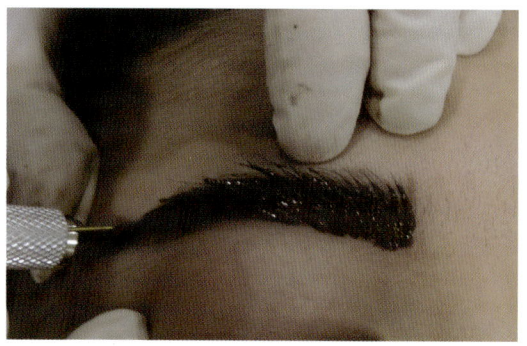

1차 엠보시술 – 통증완화제를 도포한 후 30분이 지나면 1차 엠보시술을 한다.

第1次 Embo 手术 – 涂抹止痛药以后过30分钟在进行Embo手术。

**4**

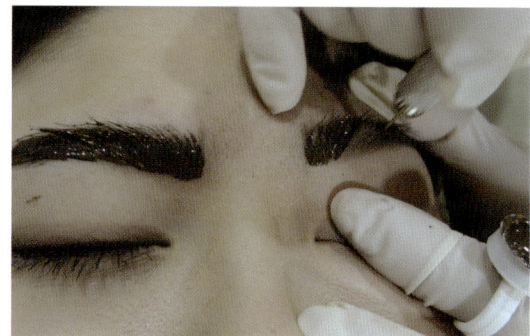

2차 엠보시술 – 통증이 없을 경우는 바로 2차 시술에 들어간다.

第2次 Embo 手术 – 如果没有痛的感觉可直接进行2次手术。

**5**

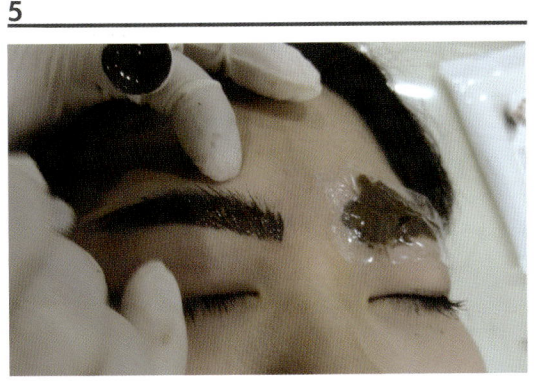

3차 엠보시술

第3次进行Embo 机器纹绣。

**6**

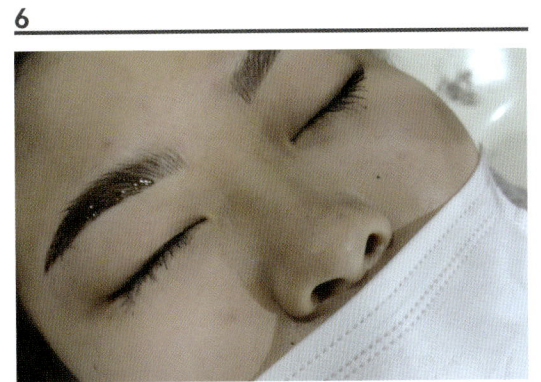

시술 직후 – 고객의 확인 후 마무리한다.

手术后 – 给顾客确认效果后结束手术。

[시술 전/후] 手术前/后

Before

After

## 2 아이라인 시술의 실제 实际眼线纹绣手术

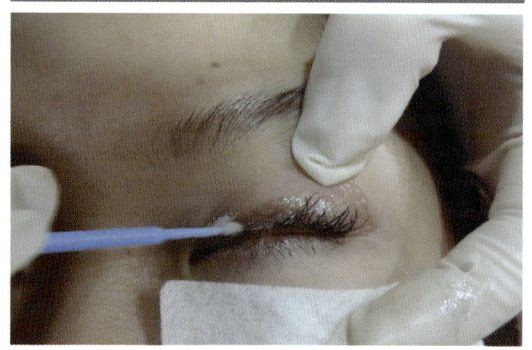

1차 통증완화제 – 아이라인 시술을 할 때는 눈을 살짝 들어 라인 선에 통증완화제를 도포한다. 이때 눈 가까이에 도포하지 않도록 주의한다.

第一次涂抹止痛药 – 眼线纹绣时不要接近眼睛，要稍微拉上眼皮在涂在上面。

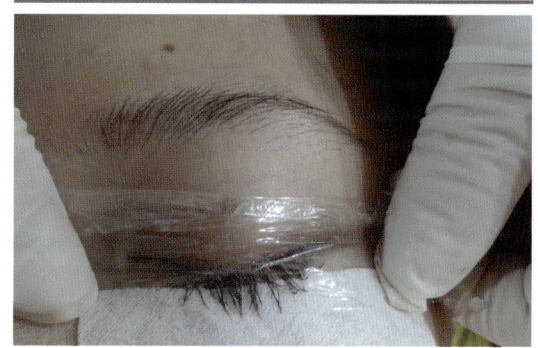

통증완화제 도포 후에는 30분 정도를 기다린다.

涂抹止痛药盖上透明塑料纸等30分钟左右。

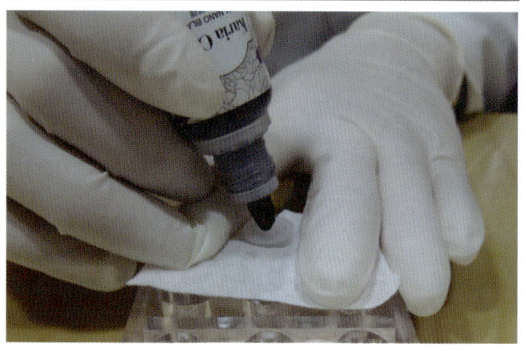

색소배합 – 아이라인 시술에는 일반적으로 검정색이 사용되는데 검정색에 붉은색을 1/10 정도만 배합하면 퇴색 시 푸른끼를 없앨 수 있다.

色素搭配 – 眼线手术一般用黑色，在黑色里面搭配10分之1的红色会减少脱色时发绿的现象。

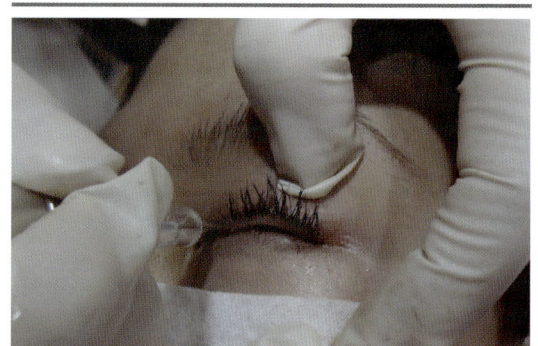

1차 시술 – 색소배합이 끝난 후에는 1차 시술을 한다.

第1次纹绣手术 – 色素搭配结束后进行手术。

| 5 | 6 |

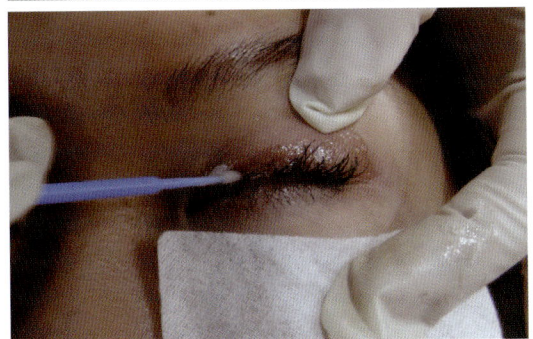 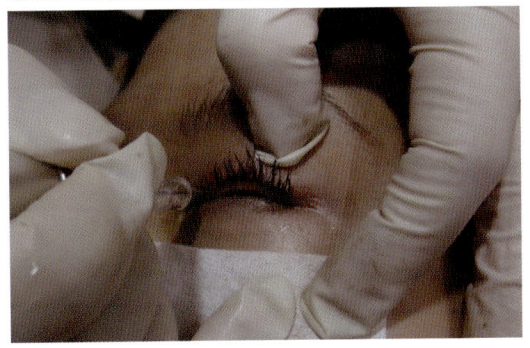

2차 통증완화제 - 고객이 통증을 느끼면 2차 통증완화제를 도포한다.

涂抹第2次止痛药 - 顾客感觉疼痛时涂抹止痛药。

2차 시술 - 2차 통증완화제를 도포한 후 2~3분 후에 2차 시술에 들어간다.

第2次手术 - 涂抹完第2次止痛药过2~3分钟后在进行第2次纹绣手术。

시술 전 이미 시술 부위의 주변에 붉은 끼가 많아서 붉은 끼를 없애고 약간 밝은 톤의 브라운 색으로 리터치한 시술이다.

判断手术部位红皮肤比较多, 手术前先整理红皮肤后用稍微亮一点的棕色修补的手术。

[시술 전·후 사진] 手术前，后照片

Before
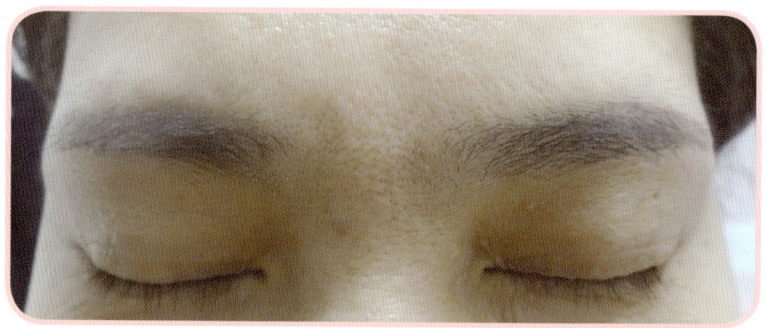

After
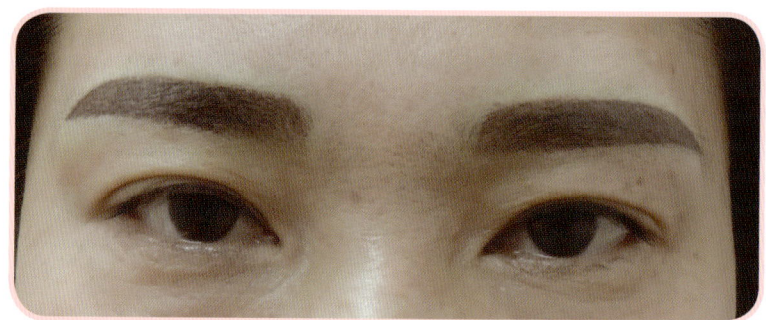

Before
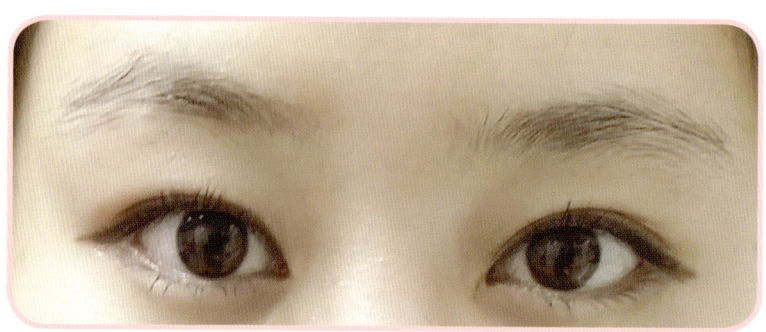

After
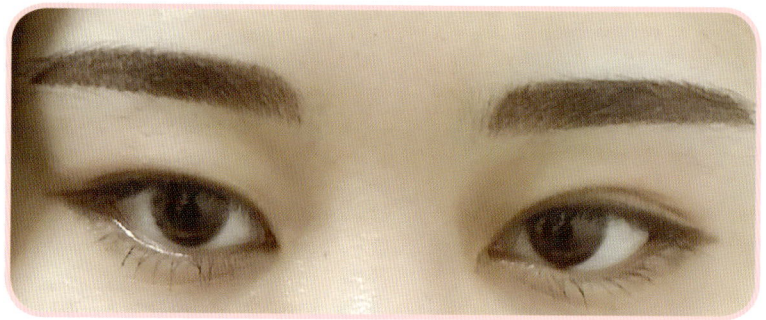

## 3 입술시술의 실제 实际唇部手术

**1**

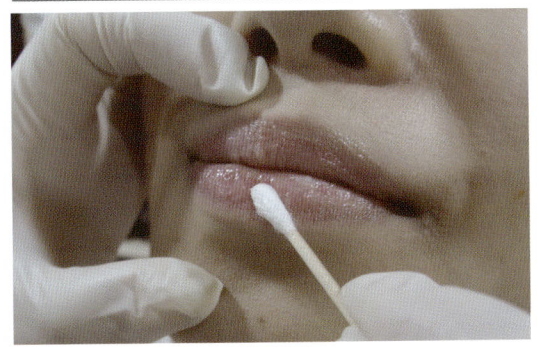

1차 통증완화제 도포 – 시술 전 1차 통증완화제를 도포한다.

涂抹第一次止痛药 – 手术前涂抹第一次止痛药。

**2**

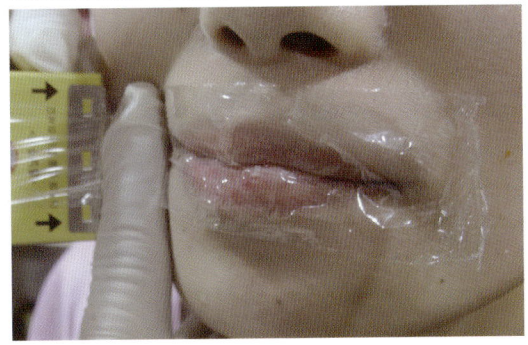

30분 동안 랩을 씌워 빠른 흡수를 돕는다.

为了吸收快一点，涂抹止痛药盖上透明塑料纸等30分钟左右。

**3**

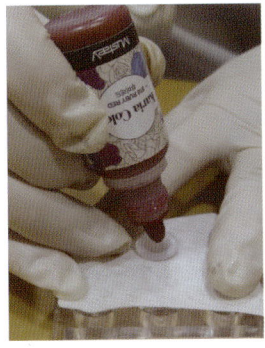 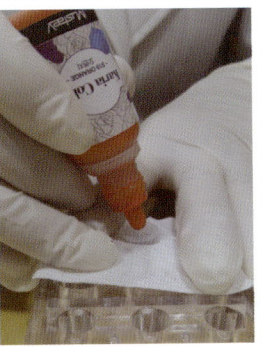

색소배합 – 고객과 상의 후 색소배합을 한다.

色素搭配 – 跟顾客商量后搭配色素。

**4**

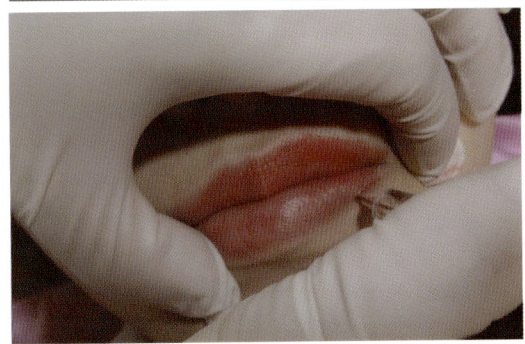

1차 시술 – 입술에 푸른끼가 많이 보이는 고객은 1차 시술 때 주황이나 노랑 톤의 색을 주입시킨다.

第1次手术 – 嘴唇发绿的顾客，第1次手术时先注入橙黄色或黄色系的颜色。

5

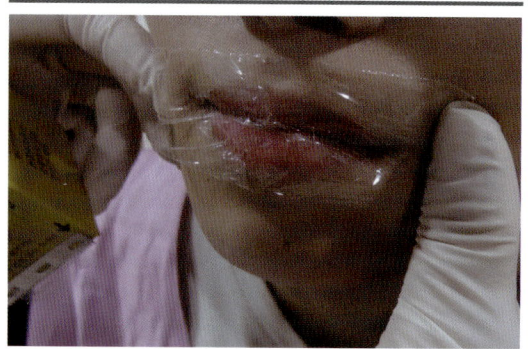

2차 통증 완화제 도포 – 통증을 호소하는 고객에게 2차 통증완화제를 도포한 후 2~3분 후에 시술에 들어간다.

第2次手术 – 顾客感觉疼痛时第2次涂抹止痛药过2~3分钟后在进行第2次纹绣手术。

6

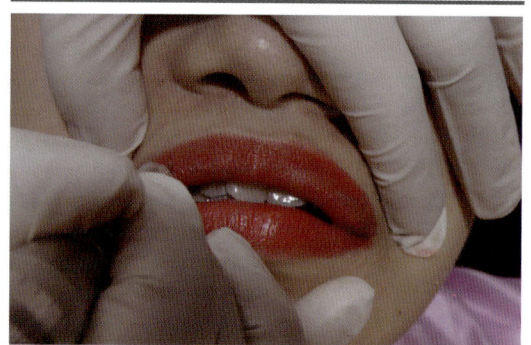

2차 시술 – 2차 시술로 꼼꼼하게 색을 주입시킨다.

第2次手术 – 第2次手术时细心的注入颜色。

7

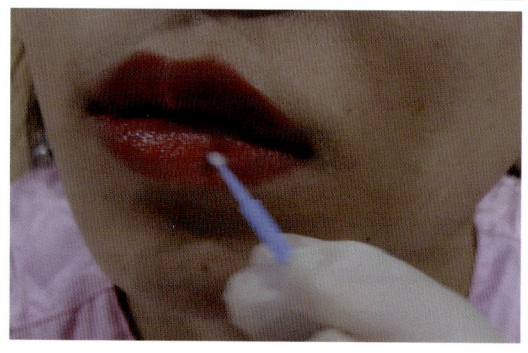

시술 후 보습제 도포 – 고객 확인 후 입술 보습제를 도포하여 준다.

手术后涂抹润唇产品 – 给顾客确认效果以后涂抹润唇产品。

[시술 전·후 사진] 手术前，后照片

시술 전 검붉은 입술을 밝은 톤으로 시술한 입술이다.

手术前发暗红色的唇部，手术后变成亮色的唇部。

Before

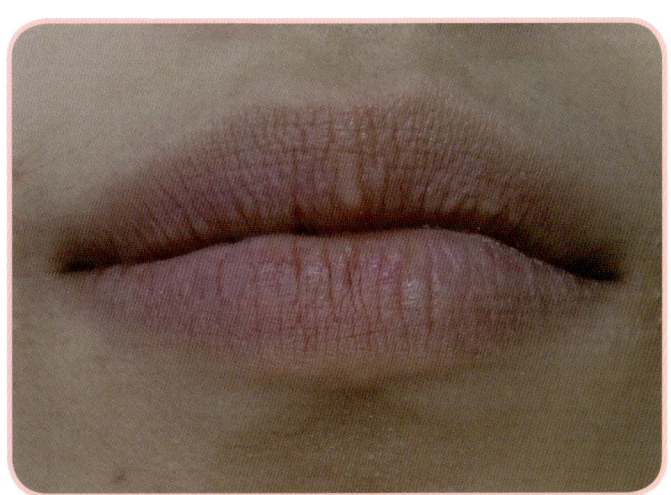

After

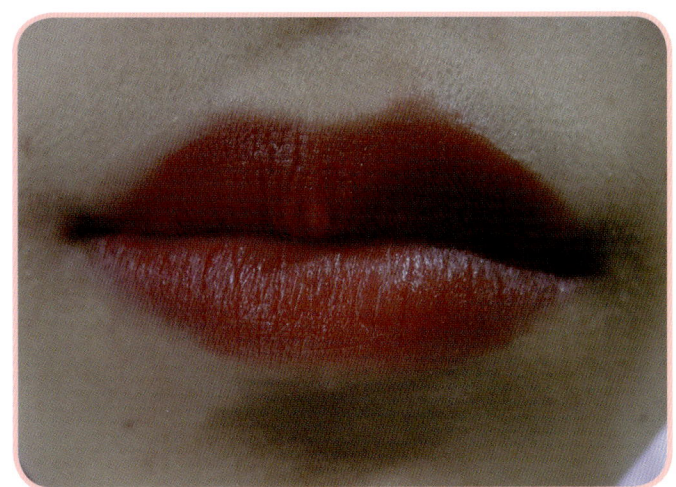

SEMI PERMANENT MAKE-UP

반영구 메이크업
디자인 앤 스킬

# PART 7

## 반영구 화장의 위생과 소독

CHAPTER 01  위생적인 환경
CHAPTER 02  시술자의 위생복장
CHAPTER 03  부작용에 대한 사전조사

# CHAPTER 01 위생적인 환경
卫生环境

## 1 위생적인 환경의 중요성　卫生环境的重要性

[시술장소] 手术场所

☆ 병의 감염이나 전염을 예방할 수 있다.
☆ 균과 바이러스 감염을 방지할 수 있다.
☆ 고객으로부터의 신뢰, 즉 안전함과 편안함을 동시에 줄 수 있다.
☆ 시술자에게도 자신감과 신뢰를 줄 수 있다.

☆ 可以预防感染病，和传染。
☆ 可以防止菌和病毒的感染。
☆ 给客户信赖，安全和舒适的感觉。
☆ 给手术者自信和信赖。

## 2. 위생적인 환경을 위한 준비 卫生环境准备

☆ 시술 장소는 밝은 곳이어야 하며 햇빛이 잘 들어오는 곳이 좋다.
☆ 창문이 있어 환기가 잘되는 곳이 좋다.
☆ 시술침대는 청결해야 하고, 커버는 자주 교체해야 한다.
☆ 시술대는 청결하고 시술을 위한 준비물이 잘 정돈되어 있어야 한다.
☆ 도구는 바트와 멸균 솜을 이용하며 알코올을 준비하여 놓는다.
☆ 니들은 일회용 멸균된 것을 사용하며 정제수에 적신 솜을 이용한다.
☆ 시술이 끝난 후 도구들은 다시 한 번 소독한 후에 보관하며, 주변에 쓰레기들은 깨끗이 폐기한다.

☆ 手术地点最好是光明和阳光好的地方。
☆ 有窗户和通风好的地方。
☆ 手术床要清洁床单是经常更换。
☆ 手术台要清洁为了手术所需材料准备。
☆ 道具 – 酒精, 消毒棉, (bat)
☆ 使用经过消毒的一次性滚针, 利用沾到精制水的棉。
☆ 手术结束后工具是消毒后保管, 周围的垃圾尽快废弃, 以及保持干净。

# CHAPTER 02 | 시술자의 위생복장
手术者的服装卫生

## 1 시술자 위생복장의 중요성 手术者服装卫生的重要性

시술자가 위생복장을 갖추어야 하는 가장 중요한 이유는 시술과정의 위생을 위해서이다. 또한 고객에게 신뢰감과 안정감을 줄 수 있으며 시술자가 시술을 하는데 편안함을 줄 수 있다.

手术者必穿卫生服装重要性是在手术当中要保持卫生第一。然而给顾客带来安全感和信赖感，还会带来舒适感觉。

## 2 시술자 위생복장의 준비 手术者服装卫生准备

☆ 시술 전 손을 깨끗이 닦고 알코올로 소독한 후에 위생장갑을 착용한다. 그리고 장갑 위에 알코올을 다시 뿌리고 시술에 들어간다.
☆ 헤어 모자와 마스크를 사용하며 위생가운을 입는다.
☆ 시술하는 동안에 음료를 마시거나 전화를 받지 않도록 한다.
☆ 안쪽 부위를 시술하고 다른 부위를 시술할 때에는 반드시 시술 장갑을 교체한다.

☆ 手术前先洗手后用酒精擦干净在穿服装卫生。然后戴手套在用酒精擦散后进手术室。
☆ 戴帽子和口罩后穿卫生服。
☆ 手术的时候不许喝饮料，不能接电话。
☆ 手术后进行另一个手术时必须换新手套。

[시술복장] 手术服装

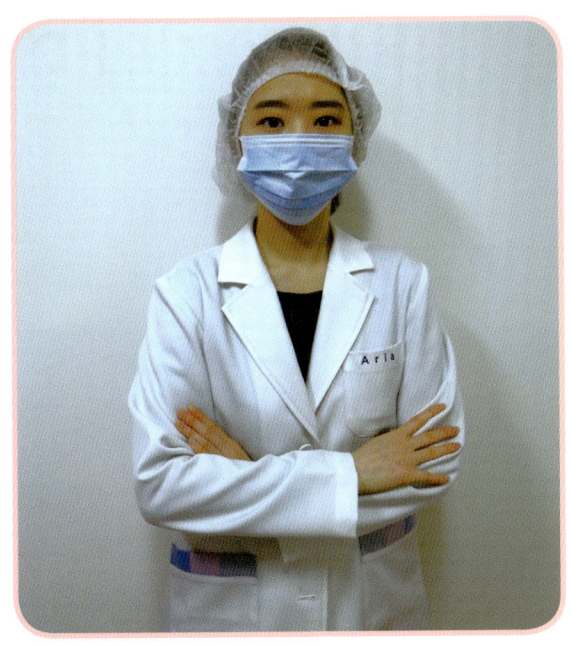

[시술자와 기기소독] 手术者消毒和机器消毒

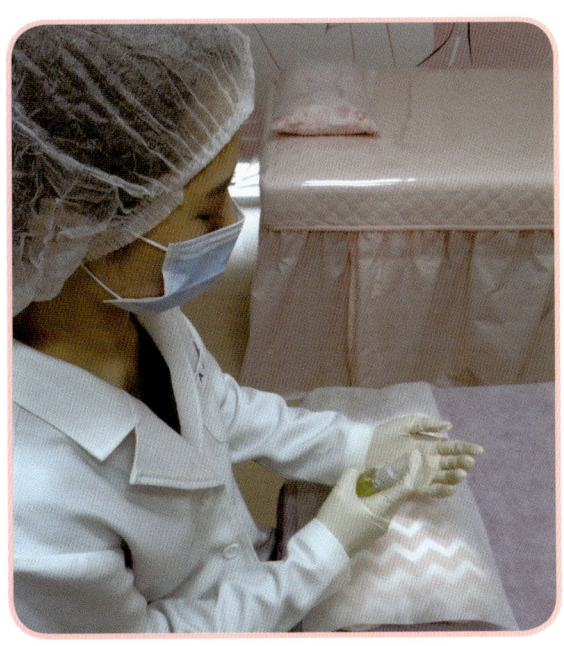

# CHAPTER 03 부작용에 대한 사전조사
关于副作用的调查

☆ 고혈압, 당뇨병 등 성인병을 앓고 있거나 이에 대한 약물을 복용하고 있는 고객에게는 시술을 권하지 않는 것이 좋다.
☆ 켈로이드 피부를 갖고 있는 고객에게는 시술 후 켈로이드가 발생할 수 있음을 인지시킨다.
☆ 니들, 화학약품에 대한 알레르기 반응이 있는지를 확인한 후 시술하는 것이 좋다.
☆ 아이라인 시술 시에 과도하게 시술하지 말아야 하며, 시술 다음날 눈이 뿌옇게 보이거나 눈이 너무 아플 경우에는 병원에서 즉시 치료를 받도록 권장한다.
☆ 입술 시술 시에 수포가 잘 발생하는 피부인 경우에는 시술 전에 수포 방지용 약을 처방받아 복용하고 시술 이후에도 3일 정도 꾸준히 복용할 것을 권장한다.
☆ 부작용에 대한 사전 조사는 고객의 안전을 위한 것임을 반드시 인지시키고 시술에 대한 동의를 얻는 것이 바람직하다.

☆ 关于高血压、糖尿病、成人病的患者建议不要推荐做手术。
☆ 对于瘢痕疙瘩患者说明手术后有副作用。
☆ 是否对滚针或化学药品过敏，确认后在做手术。
☆ 纹绣眼线时不要夸张，手术后第2天眼前模糊或者眼部过渡疼痛的时候建议去医院进行治疗。
☆ 手术唇部的顾客要确认是否愿意起水泡，经常起水泡的顾客要先服用防止水泡的药物在进行手术比较更安全。建议手术后继续服用3天左右。
☆ 关于副作用的调查，顾客安全第一。要经过顾客同意后在进行手术。

# 반영구 화장
# 뷰티 관련 시리즈

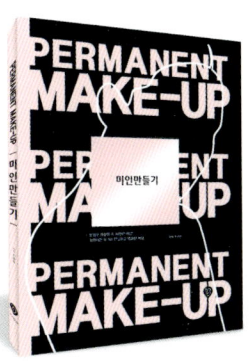

### 미인만들기 Permanent Make-up [양장]
: 반영구 화장의 속시원한 해답, 알맹이만 쏙쏙 간단하고 명쾌한 해설.
  반영구 화장의 기본이론, 반영구 화장의 실전

- **저 자** : 진은주
- **판 형** : 210×297, 184p
- **가 격** : 35,000원

### 반영구 메이크업 디자인 앤 스킬 [양장]
: 한국 최초 한국어 · 중국어 겸용판

- **저 자** : 정미영
- **판 형** : 200×260, 160p
- **가 격** : 30,000원

### 관상을 바꾸는 반영구 화장
: 반영구 화장과 관상학적 개념을 연결하여 좋은 관상으로 거듭나기!
  초보자에서 최고의 아트메이크업 아티스트를 위한, 반영구 화장의 표준 종합본

- **저 자** : 박경수
- **판 형** : 210×297, 132p
- **가 격** : 35,000원

### 프로가 되는 속눈썹 연장
: 초보부터 프로까지, 속눈썹 연장에 관한 모든 것!
  Professional한 아이래쉬 전문가가 되기 위한 필수 지침서

- **저 자** : 강경희 · 박기원
- **판 형** : 185×255, 184p
- **가 격** : 19,000원

※ 도서명 및 가격은 변동될 수 있습니다.

## 반영구 메이크업 디자인 앤 스킬

| | |
|---|---|
| 초판2쇄 발행일 | 2018년 4월 5일 |
| 초판2쇄 인쇄일 | 2018년 2월 22일 |
| 초   판 인쇄일 | 2016년 5월 31일 |

| | |
|---|---|
| 발 행 인 | 박영일 |
| 책임편집 | 이해욱 |

| | |
|---|---|
| 지 은 이 | 정미영 |
| 편집진행 | 김은영 · 김고은 · 오지환 |
| 표지디자인 | 안병용 |
| 본문디자인 | 안시영 |

| | |
|---|---|
| 발 행 처 | 시대인 |
| 공 급 처 | (주)시대고시기획 |
| 출판등록 | 제10-1521호 |
| 주    소 | 서울시 마포구 큰우물로 75[도화동 538번지 성지B/D] 6F |
| 대표전화 | 1600-3600 |
| 팩    스 | 02-701-8823 |
| 홈페이지 | www.sidaegosi.com |
| I S B N | 979-11-254-2411-6(13590) |
| 가    격 | 30,000원 |

※ 저자와의 협의에 의해 인지를 생략합니다.
※ 이 책은 저작권법에 의해 보호를 받는 저작물이므로 동영상 제작 및 무단전재와 복제를 금합니다.
※ 잘못된 책은 구입하신 서점에서 바꾸어 드립니다.